DELIUS KLASING

BEWEGTE ZEITEN

Peter Kurze

Kleinwagen der Fünfzigerjahre

Innen größer als außen

Delius Klasing Verlag

Folgende Bände dieser Reihe sind außerdem im Delius Klasing Verlag erschienen:
Bewegte Zeiten *Borgward Isabella*
Bewegte Zeiten *DKW-Meisterklasse*
Bewegte Zeiten *Ford Taunus 17 M*
Bewegte Zeiten *Goggomobil*
Bewegte Zeiten *Karmann Ghia*
Bewegte Zeiten *Lloyd – der Wagen für Dich*
Bewegte Zeiten *Mercedes 190–300 SE*
Bewegte Zeiten *Porsche 356*
Bewegte Zeiten *Trabant*
Bewegte Zeiten *VW-Käfer*
Bewegte Zeiten *Wartburg 311/312*

Bibliografische Information der Deutschen Nationalbibliothek
Die Deutsche Nationalbibliothek verzeichnet diese Publikation in der Deutschen Nationalbibliografie; detaillierte bibliografische Daten sind im Internet über http://dnb.d-nb.de abrufbar.

1. Auflage
ISBN 978-3-7688-2511-5

Einbandgestaltung: Gabriele Engel
Layout: Gabriele Engel und Peter Kurze
Druck: Kunst- und Werbedruck, Bad Oeynhausen
Printed in Germany 2008

Delius Klasing Verlag, Siekerwall 21, D - 33602 Bielefeld
Tel: 0521/559-0, Fax: 0521/559-115
e-mail: info@delius-klasing.de
www.delius-klasing.de

Inhalt

Vom Fahrrad mit Hilfsmotor zum Smart

Vom Hanomag 2/10 PS »Kommissbrot« stellte die Hannoversche Maschinenbau AG zwischen 1925 und 1928 fast 16 000 Exemplare her. Der Wagen war eine fortschrittliche Konstruktion mit einzeln aufgehängten Vorderrädern und einer Karosserie, die die Räder integrierte. Diese »Pontonform« geriet nach dem Hanomag in Vergessenheit, bevor sie sich ab den 1950er-Jahren allgemein durchsetzte. Der offene Zweisitzer kostete 1975 RM.

Der Gedanke, ein motorisiertes Fahrzeug zu günstigem Verkaufspreis anzubieten, begleitet die Geschichte der Kraftfahrt seit fast 100 Jahren. So förderte u. a. in Deutschland der Däne Jørgen Skafte Rasmussen nach dem Ersten Weltkrieg die Volksmotorisierung durch die Massenfertigung eines 1-PS-Fahrrad-Hilfsmotors. Dieser Motor (genannt »Das kleine Wunder«/DKW) wurde von zahlreichen Firmen und auch von Rasmussens Zschopauer Maschinenfabrik in verstärkte Fahrradrahmen eingebaut. Wer zu zweit fahren wollte, kam um die Anschaffung eines Leichtmotorrades nicht herum, und um drei Personen befördern zu können, bedurfte es schon eines Motorrades mit Beiwagen. Doch diese Möglichkeiten des günstigen motorisierten Transports schützten die Fahrer nicht vor schlechtem Wetter und Kälte. So war es naheliegend, erschwingliche Autos zu ent-

wickeln, die mindestens zwei Personen mit Gepäck Raum bieten und vor Regen schützen sollten.
Einer, der diese Idee erfolgreich umsetzte, war der Chef der »Hannoverschen Maschinenbau-Actien-Gesellschaft vormals Georg Egestorff« (Telegramm-Adresse: »Hanomag«), Gustav ter Meer. Er stellte 1924 die Ingenieure Carl Pollich und Fidelis Böhler ein, die als Einstand ihre Kleinwagenkonstruktion und zwei Versuchsmodelle mitbrachten. Als ersten Hanomag-Personenwagen präsentierte man das Modell auf der Internationalen Automobil- und Motorradausstellung (IAMA) in Berlin im Dezember 1924 und kam 1925 mit dem Wägelchen auf den Markt. Der Hanomag 2/10 PS, der vom Volksmund als rollender Kohlenkasten, Mäxchen oder Kommissbrot bezeichnet wurde, verkaufte sich glänzend. In nur vier Jahren konnte man fast 16 000 Fahrzeuge absetzen.

Der Goliath Pionier kam noch zur rechten Zeit auf den Markt. Bauzeit 1931 bis 1934, 5,5 PS, 198 cm³ Hubraum, wahlweise 6,7 PS bei 247 cm³, Länge 3100 mm, Gewicht 350 kg, Höchstgeschwindigkeit 50 km/h, Verkaufspreis 1460 RM/1510 RM.

Der Kleinwagen Superior der von Wilhelm Gutbrod gegründeten Standard Fahrzeugfabrik konnte nur in einer Stückzahl von unter 1000 Exemplaren verkauft werden, weil der technisch gelungene Wagen mit 1590 RM zu teuer war und zu spät auf den Markt kam.
Bauzeit 1933 bis 1935, 12 PS, 396 cm³, wahlweise auch 16 PS, 494 cm³, Länge 3300 mm, Gewicht 490 kg, Höchstgeschwindigkeit 70 bzw. 80 km/h.

Auch der Bremer Autoindustrielle Carl F. W. Borgward, vermutlich durch die Wirtschaftskrise inspiriert, griff die Idee des billigen Wagens auf und präsentierte auf der IAMA 1931 den dreirädrigen Goliath Pionier, der dank seines Hubraums von nur knapp 200 cm³ steuer- und führerscheinfrei bewegt werden durfte. Das mit einer kunstlederbezogenen Holzkarosserie versehene Vehikel kostete 1460 RM und wurde fast 4000-mal verkauft. Andere Hersteller wie zum Beispiel Framo (DKW-Rasmussen, Hainichen/Sachsen) und Standard (Wilhelm Gutbrod, Feuerbach bei Stuttgart) kamen nur auf geringe Stückzahlen, weil sie den durch die Weltwirtschaftskrise ausgelösten Trend zum Sparmobil verpasst hatten. Als sie 1933 auf dem Markt erschienen, war die Nachfrage nach den »Minis« erloschen.
1936 stellte Fiat (Fabbrica Italiana Automobili Torino) den ersten auf Massenproduktion ausgelegten Kleinwagen vor. Der Fiat 500 hatte im Gegensatz zu den bisherigen Kleinwagen eine aufwendigere Technik, wie zum Beispiel einen 4-Zylinder-4-Takt-Motor, Stahlblechkarosserie etc. Die Ita-

Der Fiat 500 »Topolino« kostete 1937 in Deutschland als zweisitzige Limousine 1850 RM. Dafür wurde einiges geboten: 4-Zylinder-4-Takt-Motor, 13 PS, 570 cm³ Hubraum, Ganzstahl-Karosserie, Länge 3250 mm, Gewicht 510 kg, Höchstgeschwindigkeit 86 km/h.

liener konnten aber aufgrund der Mengenfertigung das Fahrzeug zu einem äußerst günstigen Preis von 1850 RM anbieten. Die Materialknappheit, bedingt durch Devisenmangel und Rüstungsproduktion im Deutschen Reich, zwang das deutsche Fiat-Werk in Heilbronn, den Wagen mit ähnlicher Karosserie aus Holz und Kunstleder zu bauen (Verkaufspreis 1730 RM). Die Produktion des »deutschen« 500ers endete mit einer Zwangspause wegen des Kriegs erst 1955. Insgesamt sind rund 520 000 Fahrzeuge dieser äußerst erfolgreichen Typenreihe gebaut worden.

Während des Krieges waren in Deutschland und in den besetzten Ländern jegliche Konstruktionsarbeiten für zivile Fahrzeugentwicklungen verboten, galten als Sabotage und standen unter Todesstrafe. Die Machthaber wollten, dass die »technische Intelligenz« komplett der Rüstung zur Verfügung stand. Trotzdem konstruierte man bei Renault in Billancourt, Frankreich, einen Kleinwagen für die kommende Friedenszeit, dessen Erprobungsphase im März 1944 anlief.

Renault 4 CV, erfolgreicher Kleinwagen aus Frankreich, mit viertüriger Ganzstahlkarosserie, 4-Zylinder-4-Takt-Motor, Leistung je nach Ausführung 17 bis 26 PS, 760/747 cm³ Hubraum, Länge 3,61 m, Gewicht 600 kg, Höchstgeschwindigkeit 90/100 km/h.

1947 startete die Produktion, und Renault exportierte den Wagen auch nach Deutschland. Nur aufgrund seiner geringen Länge von 3,61 m passte der 4 CV in die Kleinwagenklasse. Sein hoher Verkaufspreis von rund 5500 DM (bis 1953) siedelte ihn preislich in der Mittelklasse an, die von VW dominiert wurde. Die Zulassungszahlen blieben entsprechend gering. Für Renault änderte sich die Situation erst mit Preissenkungen (z. B. 1959: 3885 DM) und der Einführung des neuen Modells »Dauphine«. Beides öffnete dem französischen Hersteller den deutschen Markt. Insgesamt sind aber weit über eine Million 4 CV hergestellt worden.

Nach der Währungsreform 1948 in den drei Westzonen Deutschlands fühlten sich viele Techniker und einige Kaufleute berufen, Kleinstautos zu entwickeln und zu fertigen, um dann große Stückzahlen unter die Bundesbürger zu bringen. Tatsächlich war hier eine große Nachfrage zu erwarten.

Als erster größerer Autoproduzent präsentierte Altmeister Borgward aus Bremen auf der Automobilausstellung im Mai 1950 in Berlin einen Kleinwagen. Er besaß die moderne Pontonform, einen 10 PS leistenden 2-Takt-Motor (300 cm^3 Hubraum) und aufgrund der noch vorhandenen Stahlkontingentierung eine Karosserie aus Holz, die wie beim Goliath Pionier, beim deutschen NSU/Fiat 500 und DKW mit Kunstleder bezogen war. Der Verkaufspreis betrug 3334 DM. Insgesamt baute Lloyd vom 300er und seinen Nachfolgern (LP 400, LP 600) bis 1961 über 300 000 Fahrzeuge.
Bis 1955 war Lloyd der Platzhirsch in der Bundesrepublik, da Renault 4 CV und NSU/Fiat Topolino wesentlich teurer in der Anschaffung waren. An Versuchen, die Vormachtstellung Lloyds zu brechen, mangelte es nicht. Fuldamobil, Champion, Gutbrod und Kleinschnittger hießen einige der

Am VW Käfer bzw. seinem Verkaufspreis von 3950 DM (Standard-Limousine 1955) mussten sich die Kleinwagen messen lassen.
Lloyd LP 600, ein Wagen der Borgward-Gruppe (unten).

Maximale Raumnutzung bei kleinsten Außenmaßen war eine der Forderungen, die die Kleinwagenhersteller erfüllen mussten. Aber schwerer messbare Eigenschaften wie Charme und sympathisches Design wiesen nur wenige Kleinwagen auf. Ein Fahrzeug, das über diese positiven Eigenschaften verfügte, war der 1957 vorgestellte Fiat 500.
Bauzeit 1957 bis 1975, 13/15 PS, 479 cm³/499 cm³ Hubraum je nach Baujahr, Länge 2945 mm, Gewicht 490 kg, Höchstgeschwindigkeit 86 km/h bzw. 100 km/h.

letztlich chancenlosen Wettbewerber. Einen beachtenswerten Erfolg in dieser Zeit verzeichnete lediglich noch das skurrile Gefährt »Messerschmitt Kabinenroller«, in dem die zwei Sitze hintereinander angeordnet waren.

Ab Mitte der 1950er-Jahre kam dann starke Konkurrenz auf den Markt. Zuerst die »Ente« des französischen Herstellers Citroën, die zwar anfänglich in der Bundesrepublik nur eine äußerst geringe Rolle spielte, aber auf den europäischen Märkten u. a. Lloyd das Leben schwer machte. BMW produzierte ab 1955 die Isetta, heute Inbegriff des Kleinwagens der 1950er-Jahre. Bis 1962 bauten die Münchner über 160 000 Isetta. Auch der Landmaschinen- und Motorroller-Hersteller Hans Glas präsentierte einen äußerst gelungenen Kleinwagen. Das »Goggomobil«, im Gegensatz zur Isetta einem »richtigen« Auto gleichend, schlug ein, und man fertigte das Mobil sogar bis 1969 ohne wesentliche Änderungen.

Der Trend ging ab 1955 weg von den 2-Takt-Motoren hin zum Ottomotor mit mindestens 600 cm^3 Hubraum. Den Reigen eröffneten Fiat (600) und Lloyd (LP 600), 1956 folgte NSU-Fiat (Jagst) und ein Jahr später BMW mit einer vergrößerten Isetta (600). 1958, spät, aber doch erfolgreich, bereicherten Glas mit dem Isar und NSU mit dem Prinz I/II den Kleinwagenmarkt. 1959 kamen der BMW 700, der DAF 600 und der britische Mini hinzu. Mussten sich Kleinwagen grundsätzlich vom Verkaufspreis her immer mit dem VW Käfer messen, so galt seit dem Erscheinen des Mini dieser Wagen als Maßstab für optimale Platznutzung und zeitloses Design.

Anhand der genannten Beispiele könnte der Eindruck entstehen, dass jeder Kleinwagen in den 1950er-Jahren automatisch ein Verkaufsschlager wurde. Doch die meisten Hersteller scheiterten. Manche Projekte blieben ohne große Verluste im Anfangsstadium hängen, andere verschlangen erhebliches Kapital, bevor dem Unternehmen die Puste ausging. Gelang

Der am längsten produzierte deutsche Kleinwagen, das Goggomobil (Bauzeit 1955 bis 1969), erreichte nicht annähernd die Produktlebenszyklen der Ente (1949 bis 1992) und des Mini.

Der Mini (quer eingebauter 4-Zylinder-Frontmotor) war eine richtungsweisende Konstruktion. Bauzeit 1959 bis 2000.

häufig noch eine einigermaßen ordentliche Konstruktion, so versagten die Firmen auf kaufmännischem Gebiet.
Woran lag es, dass einige Hersteller von Kleinwagen Pleite gingen und andere große Erfolge feiern konnten?
Um ein Auto billig anbieten zu können, um also die Stückkosten gering zu halten, gibt es nur wenige Faktoren, die man beeinflussen kann: sparsamer Materialeinsatz, kostengünstige Fertigung und Massenproduktion. Bauteile, die nicht verwendet werden, müssen nicht eingekauft werden. Dieses Weglassen und das Miniaturisieren führten häufig zu abenteuerlichen Konzepten, aber oftmals auch zu interessanten technischen Lösungen.

Frankreichs Kleinwagenlösung neben der Ente: Renault 4. Bauzeit 1961 bis 1992, Urversion: 24 PS, 747 cm³ Hubraum, Länge 3661 mm, Gewicht 570 kg, Höchstgeschwindigkeit 105 km/h.

Der Smart der 1. Generation ist eine modische Lösung des Kleinwagenproblems. Gebaut wird der nur 2,5 Meter lange Mini-Mercedes seit 1998. Tester bescheinigen der Konstruktion Robustheit. ABS und zwei Airbags sind serienmäßig bei dem teilweise üppig motorisierten Wagen (3-Zylinder-Benzin- oder -Dieselmotor mit Leistungen zwischen 41 und 75 PS im Heck). Das Aussehen des Smart ist allerdings sehr gewöhnungsbedürftig, außerdem bietet er nur Platz für zwei Personen (der Bau der Viersitzer-Version und des Roadsters wurden mangels Nachfrage eingestellt), und das Fahrverhalten erwies sich als problematisch (»Während die zuvor gestartete A-Klasse im Elchtest zur Seite kippte, kullerte der Smart gleich in alle Richtungen.« – so der »Spiegel« 45/2006). Mit elektronischen Krücken, »Traktions- und Stabilitätskontrolle« genannt, bekam man die Probleme in den Griff.

Der Konstrukteur war gehalten, die Fertigung so zu vereinfachen, dass nur wenig Arbeit in die Produktion des Wagens gesteckt werden musste und nur geringe Investitionen anfielen.

Massenproduktion war und ist das angestrebte Ziel aller Automobilproduzenten, weil sich dann ihre Gemein- und ihre Fixkosten für Gehälter, Löhne, Mieten etc. nicht nur auf eine geringe Produktionsstückzahl verteilen. Bei großen Mengen erhält der Fabrikant auch günstigere Einkaufsbedingungen von der Zulieferindustrie für das notwendige Material. Dazu kommen Synergieeffekte in der Produktion.

Massenproduktion funktioniert aber nur mit Massenverkauf. Das setzt ein dichtes Händler- und Werkstättennetz voraus. Hier hatten die Motorrad- und Motorrollerhersteller, wie BMW, Glas, Heinkel, Maico, NSU, Victoria und Zündapp, gute Startbedingungen, weil sie ihre bisherigen Zweiradhändler nun auch für den Kleinwagenverkauf einspannen konnten.

Grenzen setzte den Produzenten auch der »Käfer« von Volkswagen. Mit seinem günstigen Verkaufspreis ließ er ihnen in ihrer Kalkulation wenig Luft. So hatten von vornherein Kleinwagen keine Marktchancen, die preislich nicht unter VW blieben.

Champion
KLEINWAGEN
Anschaffungsbillig
Leistungsfähig
Sparsam

Champion 250 (1949 bis 1951)

Der ehemalige BMW-Versuchsingenieur Hermann Holbein begann nach dem Krieg Fahrzeuge zu konstruieren, wie z. B. den Monoposto-Rennwagen »Mono-Hol«. Im Laufe seiner Zusammenarbeit mit der Zahnradfabrik Friedrichshafen (ZF) übernahm er 1949 deren Kleinwagenkonstruktion, die er zur Serienreife weiterentwickelte, und setzte in diesem Jahr 42 Wägelchen ab. Holbein bzw. ZF hatten die Konstruktion extrem einfach gehalten. Sie verwendeten einen Zentralrohrrahmen, an dem die Räder über zwei Querträger am Längslenker aufgehängt waren. Torsionsstäbe federten die 3,00 x 19 (auch 3,25 x 16) Moped-Räder ab. Auf den elektrischen Anlasser,

Schickes Automobil mit bedrücken-den Fahreigenschaften.

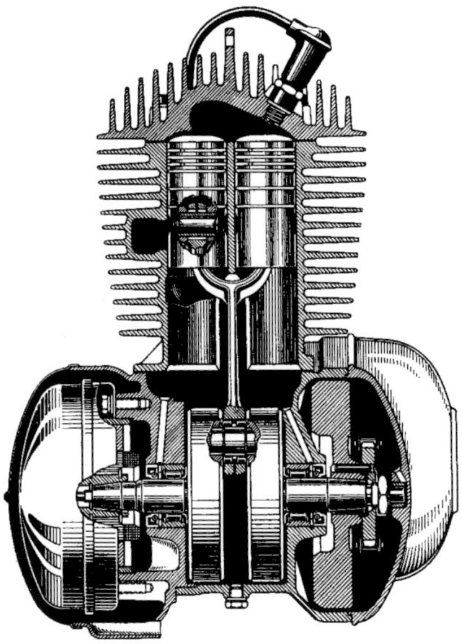

Triumph-Doppelkolben-Motor im Schnitt.

Türen, ein festes Dach und ein Lenkgetriebe wurde verzichtet. Die Lenkung funktionierte ähnlich wie bei Kinderautos. Der 250 cm^3 gebläsegekühlte 2-Takt-Motor von Triumph (Nürnberg) leistete 6 PS und musste per Handhebel angelassen werden. Die Karosserie des kleinen Roadsters war äußerst elegant. Als lebensgefährlich galt die Bremsanlage, da sie nur auf die Hinterräder wirkte. Bei einer Panikbremsung auf regennassem Kopfsteinpflaster geriet der Champion unweigerlich ins Schleudern.
Bei einem Wagengewicht von 250 kg und zwei Insassen betrug das Leistungsgewicht 67 kg/PS, sodass die Fahrleistungen eher bedrückend waren. Besserung versprach der gegen Aufpreis erhältliche 2-Takt-Doppelkolbenmotor (Leistung 10 PS) aus dem 250er-Motorrad der Triumph-Werke Nürnberg.
1950 konnte Holbein 98 Stück des 2650 DM teuren Champion 250 verkaufen (Produktion 106 Einheiten). 1951, im letzten Jahr der Fertigung, baute man noch 119 Fahrzeuge (VDA-Zahlen).
Da Holbein für die Finanzierung größerer Stückzahlen bzw. für ein Nachfolgemodell nicht genug Geld aufbringen konnte, suchte er kapitalkräftige Teilhaber. So kam es 1951 zur Gründung der Champion Automobil-Fabrik GmbH in Paderborn. Die Gesellschafter waren neben Holbein die Maschinenfabrik Benteler (Bielefeld und Paderborn), der Bielefelder Nahrungsmittelhersteller Oetker und ein Bankier, ebenfalls aus Bielefeld.
Ab Februar des Jahres kam das Nachfolgemodell Champion 400 auf den Markt (siehe Seite 31 ff.).

Fahrwerk des Champion 250.

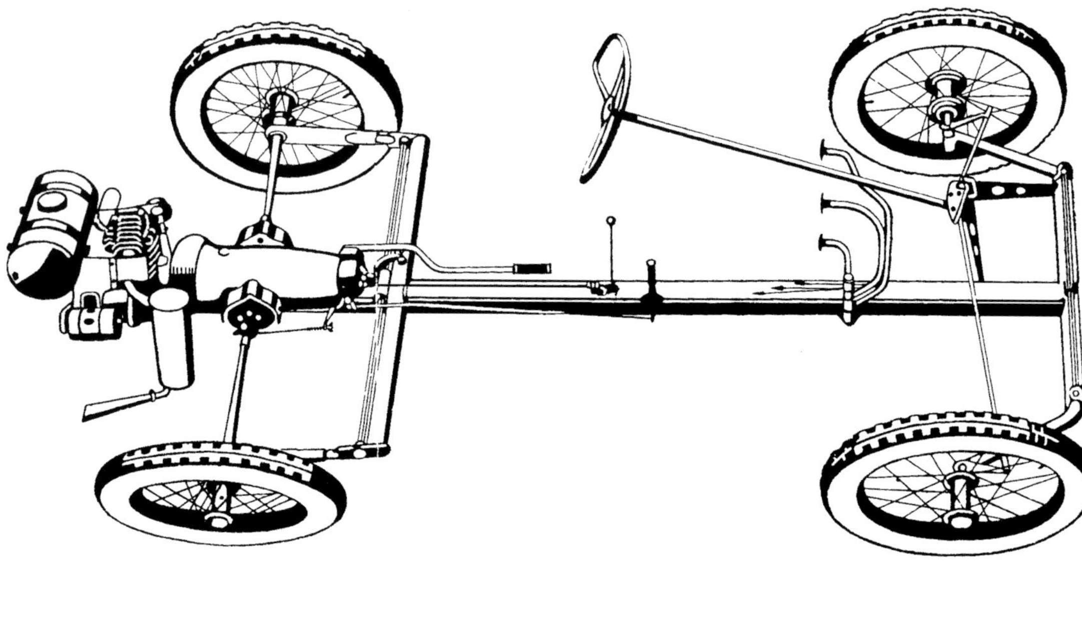

Gutbrod Superior 600/700 (1950 bis 1954)

Walter Gutbrod hatte 1948 den beim Ingenieurbüro Schnürle (Schnürle war der Erfinder der spritsparenden Umkehrspülung bei 2-Takt-Motoren) arbeitenden ehemaligen stellvertretenden Versuchsleiter »Flugmotoren« der Daimler-Benz AG Dr.-Ing. Hans Scherenberg (1911–2000) als Mitarbeiter gewinnen können. Scherenberg sollte die kleinen Nutzfahrzeuge verbessern und auch einen Pkw konstruieren. Walter Gutbrod dachte an einen Kleinwagen, der aber nicht so primitiv sein sollte wie die auf der Technischen Exportmesse in Hannover im Mai 1949 gezeigten Sparmobile. Man entwickelte einen Zentralrohrrahmen und einen wassergekühlten 2-Zylinder-2-Takt-Motor mit 593 cm^3 Hubraum und einer Leistung von

Gelungene Konstruktion – doch zu teuer.

20 PS. Der Motor lag vor der Vorderachse und trieb die vorderen Räder an. In das erste Fahrgestell hatte man noch einen Motor aus einem Lieferwagen eingebaut und vergessen, die Drehrichtung zu ändern. Es kam, wie es kommen musste: Bei der Vorführung legte Scherenberg den 1. Gang ein und fuhr rückwärts! Das motorisierte Chassis hatte drei Rückwärtsgänge und einen Vorwärtsgang!

An der Ausstattung des Serien-Superior hatte man nicht gespart. Der 3,6 Meter lange Zweisitzer war mit hydraulischen Stoßdämpfern an allen Rädern, einer hydraulischen Bremsanlage, Zahnstangenlenkung und einer Synchronisation des 2. und des 3. Gangs (ab 1953) ausgerüstet. Das trieb natürlich den Preis in die Höhe. Kostete die Standardversion 1950/51 4280 DM, so musste der Käufer ab 1952 immerhin 4800 DM bezahlen. Da überlegte der junge Bundesbürger schon, ob nicht die Anschaffung eines VW Käfer (25 PS, 4 Sitzplätze!) für 4400 DM (ab 10/1950) oder sogar für nur 3950 DM (ab 3/1954) lohnenswerter war. So blieben die Verkaufszahlen hinter den Erwartungen zurück. Kalkuliert wurde damals mit einem Jahresverkauf von 10 000 Fahrzeugen. Tatsächlich betrug die Produktion 560 Einheiten im Jahre 1950, 3135 (1951), 1923 (1952), 1240 (1953) und 54 Wagen im Jahre 1954 (ohne Kombi). Zum Vergleich: Die Wolfsburger bauten ihren Käfer 1952 weit über 100 000-mal.

Gutbrod Superior mit noch hinten angeschlagenen Türen. Um erhebliche Kosten für die Tiefziehblechwerkzeuge zu sparen, waren beide Türen sowie der rechte vordere mit dem linken hinteren Kotflügel (und andersherum) formgleich.

Das Leistungsgewicht des 750 kg schweren, mit zwei Personen besetzten Superior betrug 45 kg/PS. Damit konnte man in 100 Sekunden die Höchstgeschwindigkeit von 100 km/h erreichen.

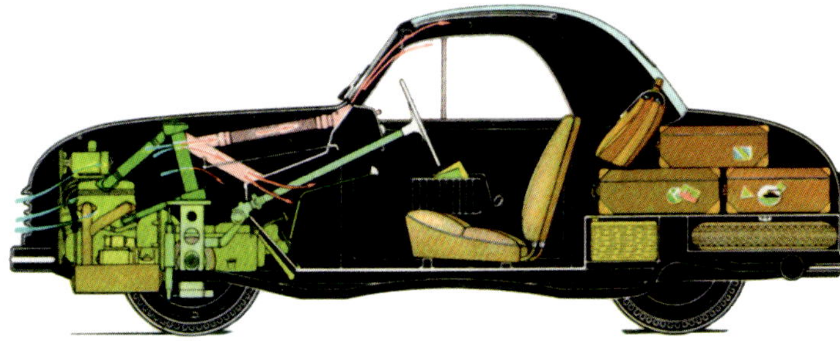

1952 kam eine 700er-Ausführung ins Programm, deren Motor 26 PS leistete. Im gleichen Jahr brachte man auch eine Einspritzversion, womit Gutbrod neben Goliath zu den Pionieren dieser Technik gehörte. Der 30 PS leistende Motor verbrauchte statt 7,5 nur 7 l/100 km. Bei einem damaligen Spritpreis von 64 Pf./l hatte der zukünftige Gutbrod-Fahrer schnell heraus, dass sich die 450 DM teurere E-Version erst bei weit über 100 000 km amortisierte. Hielt der Wagen so lange durch?

Die unrentablen Verkaufszahlen und die geringe Kapitalausstattung zwangen die Plochinger, die Autoproduktion, auch die der Nutzfahrzeuge, 1954 einzustellen.

Der längs im Gutbrod eingebaute 2-Zylinder-Motor verbrauchte mehr Platz als ein quer eingebauter. Außerdem war damit eine Richtungsänderung des Kraftflusses im Differenzial verbunden.

Ein Superior auf einem Gutbrod Atlas-Lieferwagen.

Kleinschnittger F 125 (1950 bis 1955)

Der Ingenieur Paul Jennes Kleinschnittger († 1989) hatte sich schon seit den 1930er-Jahren mit Kleinfahrzeugen beschäftigt. Im Juni 1949 gründete er mit einem Hamburger Geschäftsmann die Kleinschnittger-Werke GmbH, die in Arnsberg im Sauerland ihre Produktionsstätte fand. Doch Kapitalmangel und der Rückzug des mittlerweile illiquiden Hamburgers verzögerten die Serienfertigung des Typs F 125. Erst als zukünftige Händler Kredit gewährten, konnten die ersten F 125 aus der Werkhalle rollen. Angetrieben wurde das nur 2,65 Meter lange Vehikel von einem 125-cm^3-

Der Kleinschnittger F 125 hatte als Minimal-Fahrzeug zwar seine Berechtigung, doch der Hersteller konnte keine rentablen Stückzahlen absetzen.

Einen »Allwetterschutz durch völlig schließ. Verdeck« versprach der Verkaufsprospekt. Die schmalen Sehschlitze erschwerten das Einparken, doch zur Not hob man den Wagen in die Lücke.

2-Takt-Motor der ILO-Werke. Das Aggregat leistete 4,5 PS (5 PS ab 1951, 6 PS ab 1953) und war fahrtwindgekühlt. Da das leistungszehrende Gebläse wegfiel, konnte der Motor einerseits günstiger eingekauft werden, musste aber andererseits direkt vor der Vorderachse im Luftstrom des Fahrtwinds platziert werden. Da eine Kardanwelle den 150 kg wiegenden Wagen teurer und schwerer gemacht hätte, kam nur der Frontantrieb infrage. Auf ein Differenzial verzichtete Kleinschnittger zugunsten eines von ihm entwickelten Freilaufs.

Doch Kleinschnittger, immer getrieben von der Hoffnung, größere Stückzahlen zu verkaufen, hatte permanent Liquiditätsprobleme und konnte die notwendigen Vertriebsausgaben nicht bezahlen. Als BMW, ein renommierter Motorrad- und Autohersteller mit engmaschigem Händlernetz, 1955 die Isetta herausbrachte, überlegte sich der Interessent, ob die 2880 DM teure Isetta nicht das bessere Fahrzeug als der nur 300 DM billigere F 125 (E-Starter-Ausführung) war. So stellte Kleinschnittger nach knapp 2000 Exemplaren die Produktion im gleichen Jahr ein, entwickelte noch einige 250-cm^3-Minimalwagen und musste 1957 Konkurs anmelden.

Lloyd LP 300 (1950 bis 1952)

Hermann Holbein (Champion), Walter Gutbrod und Paul Kleinschnittger hatten erkannt, dass Zweiradfahrer auf Platz für eine kleine Familie, auf Regen- und Kälteschutz verzichten mussten und der Kleinwagen die Lösung war. Doch diese zahlenmäßig sehr starke Zielgruppe wurde damals von der etablierten deutschen Autoindustrie übersehen. Nur der Bremer Autoindustrielle Carl F. W. Borgward hatte die Gruppe der umsteigewilligen Zweiradler ebenfalls entdeckt. Er, dessen erstes Fahrzeug 1924 entstand, besaß die Produktionskapazität, auch die Techniker mit dem Know-how, nur nicht die Zeit, schnell eine eigene Konstruktion auf die Beine zu stellen, um den lukrativen Markt zu beackern. Deshalb nahm er den Vorschlag ehemaliger Auto Union/DKW-Techniker an (die sich in Hude/Oldenburg zur »INKA«, der Ingenieurs-Konstruktions-Arbeitsgemeinschaft, zusammengeschlossen hatten), einen Kleinwagen zum Verkaufspreis von 3000 Mark aus schon durchkonstruierten Baugruppen zu entwickeln. Gleichzeitig war ihm klar, dass Zweiradfahrer Schwellenängste hatten und

Das einfache Fahrwerk mit Zentralrohrrahmen des frontgetriebenen Lloyd ist fertiggestellt und wird zum Endmontageband gerollt. Auf den Fahrgestellen entstand am Band ein Gerippeaufbau, der die Holz- und Blechplatten der Karosserie tragen sollte.

4 Räder, 2 Zylinder und 4 Sitzplätze: Lloyd LP 300.

kaum einen eleganten Borgward-Salon (Wagen ab 7600 DM) oder ein Goliath-Autohaus (Pkw ab 6420 DM) besuchen würden. Deshalb entschied er, dass die zu seiner Unternehmensgruppe gehörende Lloyd Maschinenfabrik den Kleinwagen fertigen und ein eigenes Händlernetz aufziehen sollte (einer ähnlichen Strategie bediente sich vor einigen Jahren DaimlerChrysler, als der Smart nicht über Mercedes-Autohäuser verkauft wurde). Borgwards Außendienstler schwärmten aus und warben zahlreiche Motorradhändler als Vertreter an. Eine ideale Basis für den Vertrieb und den Kundendienst für den geplanten Kleinwagen, denn Zweiradfahrer vertrauten ihrem Händler und seinen Monteuren.

Das Dach bestand aus einzelnen schmalen Planken.

Mit Tellerschleifern beseitigte man die Unebenheiten.

Die Karosserie wurde mit Filz bezogen (oben) und mit Kunststofffolie bespannt (rechts). Die Folie befestigte man mit Leisten, Nägeln und Klammern am Holzaufbau. Diese Produktionsweise war günstig, weil man keinen immer noch kontingentierten Stahl, keine Karosseriepressen und keine teuren Formwerkzeuge benötigte. Da sie aber sehr personalintensiv war, plante Lloyd beim Nachfolger den Umstieg auf Stahlblechkarosserien.

Mithilfe der traditionsreichen Bezeichnung »Lloyd« entging man auch eventuellen Streitereien mit den vorhandenen Borgward- und Goliath-Händlern. Gleichzeitig wahrte man genügend Abstand zwischen den Marken, die verschiedene Käuferkreise bedienten.
So konnte man auch durch den Entschluss, die Fertigung Lloyd zu übertragen, der damals herrschenden Materialknappheit entgegentreten. Stahl und Reifen wurden den einzelnen Autofabriken zugeteilt. So belastete der Kleinwagen weder die Kontingente des Borgward- noch des Goliath-Werkes. Lloyd bekam eigenes Material.
INKA-Mitinhaber Oberingenieur August Momberger (1905–1969) war bis 1945 in der Auto Union-Versuchs- und Sportabteilung beschäftigt gewesen (später wurde er Technik-Direktor des Goliath-Werks). Sein Kompagnon Oberingenieur Martin Fleischer (1907–1969) war Konstrukteur bei Daimler-Benz und Auto Union, Versuchsleiter des Automobilwerks von BMW in Eisenach und wurde später Chefkonstrukteur bei Goliath und bei Borgward. Er hatte in den 1940er-Jahren einen Kleinwagen mit 2-Zylinder-2-Takt-Motor und Holzkarosserie konstruiert. Das war die Grundlage für den kleinen Lloyd. Die Karosserie musste neu entwickelt werden, weil Carl F. W. Borgward eine Miniaturausgabe seiner im März 1949 vorgestellten Mittelklasse-Limousine Hansa 1500 haben wollte.

Dieser Wagen wurde für Schulungszwecke gefertigt und zeigt den Aufbau der in Holz und Stahlblech ausgeführten Karosserie.

Der DKW-ähnliche Motor hatte 293 cm^3 Hubraum und leistete 10 PS. Mit dem Fahrzeugleergewicht von 480 kg mühte sich dieses Motörchen ganz schön ab. Mit zwei Personen beladen, betrug das Leistungsgewicht 63 kg/PS und sank voll beladen auf 80 kg/PS ab. So betonten Autotester in ihren zeitgenössischen Artikeln auch immer wieder, dass dieser Lloyd »die unterste Grenze des viersitzigen Autos« darstelle. Und tatsächlich bot der 3,25 Meter lange Wagen Platz: Der quer eingebaute Frontmotor wies zusammen mit Getriebe, Differenzial und Lenkgetriebe ein geringes Quadermaß auf, was dem Innenraum zugutekam. Die Türen waren mit Schiebefenstern versehen, sodass der Platz, der sonst von der versenkten Seitenscheibe benötigt wird, für die Ellbogenfreiheit genutzt werden konnte. Die Karosserie hatte Fleischer in der Bauart von DKW und vom Goliath Pionier (siehe Seite 7) angelegt. Mit einem Zentralrohr wurden Querträger und eine Bodenplatte aus Stahlblech zusammengeschweißt. Das Fahrgestell trug ein Holzgerippe, auf das Sperrholzplatten, gebogene Bleche für starke Rundungen und Sperrholzplanken für das Dach genagelt wurden. Diese gemischte Holz- und Blechkarosse bezog man mit Filz, um fertigungsbedingte Unebenheiten zu egalisieren. Zum Schluss bezog man die Karosserie mit der farbigen Kunststofffolie Sumit (PVC auf Textilgrundlage). Dieser Aufbau hatte damals seine Berechtigung, weil er

Komplettierung der Wagen an einem der Endmontagebänder im Neustädter Werk. Die Wagen wurde nicht mit einem Kettenförderer o. Ä. auf dem Band fortbewegt, sondern noch von den Monteuren zur nächsten Position geschoben.

zwar arbeitsintensiv war (was bei geringen Löhnen niemanden störte), aber einen Verzicht auf die kontingentierten Tiefziehbleche, Karosserieblechpressen und Formwerkzeuge ermöglichte. Gleichzeitig dämpfte das Holz das laute Heulen des geradverzahnten unsynchronisierten Getriebes und minderte den Lärm des gebläsegekühlten Motors.

Der von Borgward angepeilte Verkaufspreis von unter 3000 DM ließ sich allerdings nicht verwirklichen. Zum Produktionsbeginn im April 1950 kostete der Wagen 3334 DM. Doch warb man mit geringen Unterhaltskosten: 54 DM Kfz-Steuer und 70 DM Haftpflichtversicherung pro Jahr. Der Reiseverbrauch betrug zwischen 4,5 und 5,5 l/100 km.

1950 fertigte man insgesamt 1691 Wagen in der einzigen Lloyd-Halle auf dem Goliath-Gelände in Hastedt. Im Januar 1951 bezog die Lloyd Maschinenfabrik ein altes Munitionswerk in Bremen-Neustadt. Damit konnte man an eine erhebliche Kapazitätsvergrößerung denken. Der Name wurde in »Lloyd Motoren Werke GmbH« geändert.

Im April des Jahres kamen zu den bisher angebotenen Versionen Limousine und Geschäftswagen (Kombi-Karosserie ohne hintere Seitenscheiben und Rücksitzbank) ein zweisitziges Coupé und eine Kombiversion. Die Jahresproduktion erhöhte sich auf 6850 Einheiten.

Im Januar 1952 verbesserte man die Fahrzeuge durch eine breitere Motorhaube und einen zweiten Scheibenwischer. Auf Wunsch gab es jetzt auch Stoßdämpfer für 70 DM Aufpreis.

Die Kolonne der Werbefahrt »LLOYD-Der Wagen für Dich« bei einem Halt in der Bremer Martinistraße an der Ecke Böttcherstraße.

Der neue Lloyd-Direktor Tegtmeier sorgte für einheitliche Werkstattpreise. Der Kunde musste die Lloyd-Vertragswerkstatt im Reparaturfall nun nicht mehr nach aufgewendeter Arbeitszeit bezahlen (in der Hoffnung, dass sie niedrig war), sondern nach festgelegten Positionen, die man anhand einer Liste überprüfen konnte. So kostete der Ein- und Ausbau des Motors immer 8,50 DM, der Wechsel des Kupplungsbowdenzugs 1,95 DM. Dazu kamen günstige Ersatzteilpreise, wie z. B. der Austauschmotor, den es für nur 98 DM gab. Das gab dem Fahrer finanzielle Sicherheit und erhöhte das Vertrauen zur Marke Lloyd. Mit einem neuen Produktionsrekord von 9981 LP 300-Wagen schloss das Jahr 1952. Damit war Lloyd der erfolgreichste Kleinwagenproduzent Deutschlands.
Im November präsentierten die Bremer einen Transporter und den Nachfolger des LP 300, beide mit einem auf 400 cm^3 aufgebohrten Motor versehen. Oberingenieur Martin Fleischer, der Konstrukteur des Ur-Lloyd, erhielt übrigens pro produziertem Wagen eine Prämie, die ihm auch für die Nachfolgetypen (über 300 000 Wagen!) bis zum Konkurs der Lloyd Motoren Werke im Jahre 1961 gezahlt wurde.

Champion 400 (1951 bis 1956)

Die Champion Automobil-Fabrik GmbH in Paderborn (s. S. 18) produzierte ab Mai 1951 den auch von Holbein konstruierten Nachfolger des Champion 250. Der 3,2 Meter lange 2-Sitzer wog 525 kg. Das wassergekühlte Triebwerk stammte vom renommierten Motorenhersteller ILO aus Pinneberg. Das 2-Zylinder-2-Takt-Aggregat saß im Heck, hatte 397 cm^3 (Bohrung 61 mm, Hub 68 mm) und leistete 14 PS, sodass das Leistungsgewicht (mit 2 Erwachsenen beladen) 48,2 kg/PS betrug. Kein Spitzenwert, aber ausreichend für eine Höchstgeschwindigkeit von 80 km/h und eine Beschleunigung von 0 auf 70 km/h in 50 Sekunden. Der Rahmen bestand aus einem kräftigen Mittelrohr, an das Querträger zur Aufnahme der Stahlblechkarosserie geschweißt waren. Die Federung der einzeln aufgehängten 4,25 x 15 Zoll großen Reifen übernahmen Gummielemente. Qualitativ hochwertig und teuer war die Bremsanlage. Statt einer einfachen Seilzugbremse hatte Holbein das hydraulische System von Teves verwendet. Auch die Windschutzscheiben aus Sicherheitsglas waren nicht ganz billig.

Champion-Logo.

Zur 36. IAA (19. bis 29. März 1953) in Frankfurt am Main liefert ein Magirus-Autotransporter mehrere Vorführwagen an.

Schaulauf der Champion-Flotte auf der IAA 1953.

Bei dem geringen Angebot an Kleinwagen (zu der Zeit gab es nur den Fiat 500 B, den Gutbrod Superior, den Kleinschnittger, den Lloyd LP 300 und den Renault 4 CV auf dem Markt) hatte der Champion 400 gute Startchancen, zumal der Wagen auf der Internationalen Automobilausstellung im September 1951 in Berlin große Aufmerksamkeit erhielt. Doch die Verkaufszahlen hielten sich in Grenzen, obwohl finanzkräftige Kapitalgeber mit großem Vertriebs-Know-how am Champion Automobil-Werk beteiligt waren. Der Wagen war trotz gleicher Pressteile (wie beim Gutbrod Superior waren die Kotflügel diagonal identisch, die Türen gleich und die Hauben ebenfalls) konstruktiv zu aufwendig.
Der hohe Verkaufspreis von über 4000 DM verhinderte auch hier wieder große Absatzmengen, und geringe Verkäufe schlossen die Vorteile der Massenproduktion aus. Das sahen die Gesellschafter ähnlich und versuchten 1952 das Projekt »Champion« loszuschlagen. Verhandlungen mit dem Hersteller des »Goggo«-Rollers, Hans Glas (Dingolfing), scheiterten. Nur der Champion-Händler Hennhöfer aus Ludwigshafen wollte das Risiko einer Produktionsfortführung eingehen und brachte tatsächlich

Hennhöfers Champion-Mannschaft zeigt sich gut gelaunt.

1953 zirka 1500 Champions (nun mit wassergekühltem 15-PS-Heinkel-Motor versehen) an den Mann. Dann war aber auch hier die Luft raus. Der Däne Henning Thorndal versuchte sich als neuer Fabrikant mit altem Rezept: Preise runter, dadurch Verkaufszahlen hoch und dann durch die Mengenproduktion billiger fertigen. Leider spielten die Kaufinteressenten nicht mit, und so verließen im Jahre 1954 nur noch rund 300 Exemplare die kleine Ludwigshafener Fabrik. Denn auch Thorndal konnte zwei Nachteile nicht beseitigen:

1. Es fehlte nach wie vor das engmaschige Händlernetz.
2. Der Wagen bot nur zwei Sitze und war deshalb nicht familientauglich.

Der Däne gab entnervt auf und verschwand auf Nimmerwiedersehen. Trotz Wirtschaftswunder ging es den westdeutschen Motorradherstellern

Die teilweise aufwendige Technik machte den Champion teuer. So besaß der Wagen eine hydraulische Bremsanlage, die weder der Lloyd 300 noch der VW Käfer Standard aufwiesen (unten).

Auch mit einem »Champion« nahm man an Rallyes teil, obwohl der Name nicht oft hielt, was er versprach.

schlecht. Hatte man am Anfang der 1950er-Jahre den Nachholbedarf an motorisierten Zweirädern der jungen Bundesrepublikaner kaum decken können (Produktion 1952 ca. 300 000 Krafträder), so waren die aufgebauten Fabrikationskapazitäten jetzt eher hinderlich. Der Markt schrumpfte so schnell, dass die Produktion 1955 auf nur noch 150 000 Einheiten (1956 sogar nur noch auf etwas über 60 000 Stück) gedrosselt werden musste. Die Motorradfabriken suchten verzweifelt nach Ersatzprodukten. Es boten sich das Moped und der in Mode gekommene Motorroller an. Doch beide sollten nicht ausreichen, den weggebrochenen Umsatz wettzumachen und die Kapazitäten auszulasten. Was lag da näher, als einen Kleinwagen auf Band zu legen? Schließlich hatten die großen Motorradhersteller einen Facharbeiterstamm, passende Fertigungsanlagen und viele Vertragshändler, die man für den Verkauf sowie nach einer Monteursschulung auch für Wartung und Reparatur eines Kleinwagens einspannen konnte. Kein Wunder, dass der Pfäffinger Zweiradbauer Maico bei Champion zugriff und sich die Nachbaurechte, Konstruktionsunterlagen, Produktionswerkzeuge und noch vorhandene Halbzeuge sicherte.

NSU-Fiat 500 C (1952 bis 1955)

1926 errichtete die Neckarsulmer Fahrzeugwerke AG (NSU) in Heilbronn eine Autofabrik. Doch NSU-Autos waren damals so wenig gefragt, dass man sich an dem finanziellen Brocken fast verschluckt hätte. Die Firma Fiat übernahm die Fabrik und nutzte sie als Montagewerk für eigene Pkw, die man in Deutschland unter dem Namen »NSU/Fiat« auf den Markt brachte.

So fertigte das Heilbronner Zweigwerk den 500er-Fiat »Topolino« in den 1930er-Jahren mit Holzkarosserie und montierte ab 1952 den 1949 auf dem Genfer Salon vorgestellten Fiat 500 C.

Der 500 C mit seiner Länge von nur 3,35 Metern (Kombi 3,32 m) kostete immerhin 5060 DM (4610 DM im Jahre 1954), bot dafür einen außergewöhnlichen Komfort, einen ruhig laufenden und im Gegensatz zum 2-Takter wenig verbrauchenden Ottomotor, ein 4-Gang-Getriebe, eine 12-Volt-Anlage, ein hydraulisches Bremssystem und eine Ganzstahlkarosserie. Der konventionelle Antrieb erfolgte durch den vorn liegenden 4-Zylinder-Motor über eine Gelenkwelle zur Hinterachse. Die Limousine wog 625 kg (Leistungsgewicht mit 2 Personen 47 kg/PS).

Obwohl sich der 500 C im oberen Preissegment bewegte, gehörte er zu den gut verkauften Kleinwagen in der Bundesrepublik. Der NSU/Fiat galt als vollwertiges Auto und nicht als Notlösung. Auch der Vorgänger, der 500 A/B, hatte sich bereits bewährt. Zudem hatte Fiat, immerhin drittgrößter Hersteller Europas (nach VW und Renault), eine große Tradition im Automobilbau und besaß ein umfassendes Werkstattnetz in der Bundesrepublik. Für viele Zeitgenossen genug Gründe, einen 500 C zu kaufen.

Lloyd LP 400 (1953 bis 1957)

Bis März 1953 bestand auch die Karosserie des neuen Lloyd komplett aus Holz, das wiederum mit Filz und Kunstleder bespannt war. Auf der IAA in Frankfurt/Main (19. bis 29. März 1953) zeigte man den Wagen dann mit Kotflügeln und Türen aus Stahl.

Clay-Modell des Lloyd LP 400.

Ende 1952 waren nur drei deutsche Kleinwagenproduzenten im Rennen. Im Laufe des Jahres hatte das Champion-Werk 1271 Einheiten, Gutbrod 2552 Superior und Lloyd 9981 LP 300 gefertigt. Obwohl Lloyd nach wie vor den Markt beherrschte, produzierte man ab Januar 1953 den Nachfolger LP 400. Die Karosserie des neuen Lloyd war eleganter, obwohl sie 7 cm breiter und 4 cm höher war. Das Leergewicht stieg um 25 kg auf 500 kg (Leistungsgewicht 38,5 kg/PS), der Kraftstoffverbrauch von 5 auf 6 Liter/100 km. Das heulende Motor- und Getriebegeräusch war verschwunden. Doch der Motor stellte ein großes Problem dar. Man hatte den 2-Zylinder-2-Takt-Motor des LP 300 einfach auf 386 cm^3 Hubraum aufgebohrt und erreichte damit 13 PS. Nun hagelte es Reklamationen, weil Lloyd-Fahrer mit defekter Maschine liegen blieben. Die Versuchsabteilung fand heraus, dass durch die Vergrößerung der Zylinderbohrungen (um 8 mm) die Kühlung bzw. die Schmierung nicht ausreichte. Fuhr ein Lloyd-Fahrer bergab und ließ den Motor eingekuppelt, so drehte der Motor mit höherer Drehzahl als der Leerlaufdrehzahl. Bei den 2-Taktern erfolgte die Schmierung

durch das Kraftstoff-Öl-Gemisch, dessen Menge abhängig von der Stellung des Gaspedals ist. Bergab gaben die Lloyd-Fahrer natürlich kein Gas, wollten sie doch die zwar geringe, aber spürbare Motorbremsleistung nutzen. Das entzog den Motoren die Schmierung, und es kam zu Kolbenfressern im thermisch belasteten Bereich. Dieses Problem bekam man durch eine andere Zylinderbeschichtung einigermaßen in den Griff. Doch wie konnte man eine rufschädigende Rückrufaktion vermeiden? Guter Rat war teuer. Man schrieb alle LP 400er-Besitzer an, lud sie zum Werksbesuch mit Kaffee und Kuchen sowie zu einer kostenlosen Wageninspektion ein. Während der Werksbesichtigung warteten die Lloyd-Monteure das Kundenfahrzeug und bauten heimlich den neuen, standfesteren Motor ein. Journalisten, Kunden und Konkurrenten merkten von der aufwendigen Nachbesserungsaktion nichts.
Der 400er schlug ein. Schon im ersten Jahr verkaufte man über 16 000, 1954 knapp 30 000 und 1955 fast 50 000 Exemplare. Ab 1956 löste der viertaktende 600er-Lloyd den bisherigen Spitzenreiter ab. Mit dem LP 400 standen die Lloyd Motoren Werke nach VW und Opel an dritter Stelle der bundesdeutschen Zulassungsstatistik.

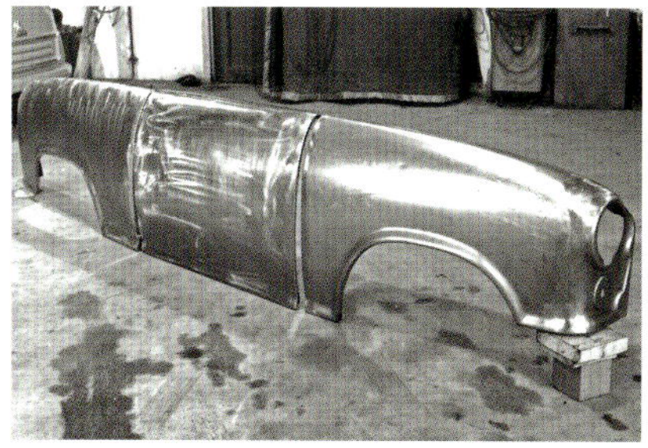

Die Seitenteile der zweiten Serie aus Tiefziehblech. Die Lloyd Motoren Werke in Bremen hatten keine eigenen Karosserieblechpressen, sodass die Kotflügel, Türen und später auch Hauben und Dächer von Zulieferern, wie z. B. Karmann oder Allgaier, gekauft werden mussten.

Farbkarte für Wagen mit Kunststoffbezug (Januar bis März 1953).

Alle zwei Minuten rollte ein fertiger Lloyd vom Fließband (rechts) und wurde per Bahn oder Lkw zu den Händlern transportiert.

AE 54-3210

Messerschmitt Kabinenroller (1953 bis 1964)

Flitzer 101 mit einer echten Innovation, dem aufblasbaren, durchsichtigen Dach. Allerdings bewährte sich dieser wie eine Luftmatratze aufgebaute Wetterschutz nicht.

Genial einfach, einfach genial. Um von A nach B zu kommen, kann man wie beim Messerschmitt Kabinenroller eine ganze Menge weglassen: das Lenkgetriebe, das vierte Rad (vom Reserverad abgesehen), das Differenzial, die Kardanwelle …

Der Rosenheimer Ingenieur Fritz Fend (1920–2000) arbeitete während des Zweiten Weltkriegs als Fahrwerkskonstrukteur in der Luftfahrtindustrie. Fend entwickelte und baute nach dem Krieg in seinem »Technischen Fertigungsbetrieb« in geringen Stückzahlen Versehrten-Fahrzeuge. Diese Einsitzer wurden mit Muskelkraft und auch mit dem Victoria-Drehschieber-2-Takt-Motor FM 38 (38 cm^3, 1 PS) angetrieben. Eine Weiterentwicklung, der »Flitzer 101«, erhielt den 2-Takt-Motor des Imme-Motorrades (98 cm^3, 4,5 PS). Den innovativen Motor hatte Norbert Riedel konstruiert, der auch das 2-Zylinder-Boxer-Anlasstriebwerk für das Messerschmitt-Düsenflugzeug ME 262 entworfen hatte.
Die Betriebsgesellschaft der ehemaligen Flugzeugfabrik Messerschmitt, die Regensburger Stahl- und Metallbau GmbH (RSM), trat 1952 an Fend heran und bot ihm eine ehemalige Flugzeugmontagehalle in Regensburg an. Fend zog daraufhin mit seinem Betrieb um. Willy Messerschmitt, Unternehmer, Luftfahrtpionier und Fends derzeitiger Vermieter, interessierte sich für seine Konstruktionen und wollte aus dem Flitzer einen marktfähigen Kleinwagen entwickeln. So entstand ein skurriles Gefährt, das zwei Personen Platz bot, allerdings mussten die Passagiere hintereinander sitzen.
Im Februar 1953 wurde dieses Unikum, Kabinenroller KR 175 genannt, im Regensburger Werk den Journalisten und Lokalprominenten präsentiert. Noch in diesem Jahr produzierte man 1609 »KaRos«, wobei Messerschmitt

angesichts der technischen Unzulänglichkeiten bemerkte »daß es keinen Sinn hat, jetzt Wagen in großen Stückzahlen zu bauen, bevor nicht alle wichtigen Mängel beseitigt sind«. (Kron: Messerschmitt, Regenstauf 2006) 1954 hatte man die Kinderkrankheiten beseitigt. Das Fahrzeug besaß einen gebläsegekühlten Fichtel & Sachs-Motor (2-Takt, 173 cm^3, 10,9 PS, Leermasse 220 kg, Leistungsgewicht 20,2 kg/PS), ein 4-Gang-Getriebe (Rückwärtsfahrmöglichkeit nur gegen Aufpreis), eine 12-Volt-Elektrik mit Anlasser (anfangs nur auf Wunsch) und eine Plexiglashaube als Dach. Auf die Ähnlichkeit mit Flugzeugen angesprochen, entgegnete Fend, dass das nichts mit seiner Herkunft aus der Luftfahrtindustrie zu tun habe, sondern mit der konsequenten Anwendung des Leichtbaus. Allerdings erforderte Fends Konstruktion akrobatische Verrenkungen beim Einstieg. Auch die Zuladung von 140 kg für Fahrer, Beifahrer und Gepäck war nicht üppig. Trotz dieser gravierenden Fehler fand der KaRo seine Käufer. 1954 produzierte RSM immerhin 8644 Stück, 1955 sogar 11 909 Exemplare des KR 175 und seines wesentlich verbesserten Nachfolgers KR 200.

Manchmal sorgte ein Kabinenroller für einen Menschenauflauf. Zu ungewöhnlich war das Fahrzeug.

1956 geriet RSM in eine bedrohliche Schieflage. Einerseits war die Produktion des KaRos zu teuer (Einzelteile mussten bei Messerschmitt-Firmen eingekauft werden, obwohl sie auf dem freien Markt günstiger angeboten wurden). Andererseits stockte der Absatz des KaRos. Anscheinend veruntreute Gelder und die Unfähigkeit, diese Schwierigkeiten zu beseitigen, führten zur Entlassung der gesamten Führungsriege. Da die West-Alliierten nun den Flugzeugbau in der Bundesrepublik genehmigt hatten, wollte sich die Mutterfirma Messerschmitt wieder im Flugzeugbau engagieren und sich von der defizitären und Probleme bereitenden RSM trennen. Fritz Fend und der Eggstätter Unternehmer Valentin Knott gründeten die »Fahrzeug- und Maschinenbau Regensburg GmbH« (FMR), übernahmen

»Menschen in Aspik« oder »Blätterteig-Porsche« waren gängige Bezeichnungen für den Messerschmitt Kabinenroller.

1957 den RSM-Restbetrieb und fertigten unter der Bezeichnung »Messerschmitt« den Kabinenroller bis 1964. Insgesamt sind ca. 50 000 Exemplare dieses Dreirades gebaut worden.
Weshalb dieser Wagen so häufig »an den Mann gebracht« werden konnte, ist ein Rätsel: Bis zur Übernahme durch Fend und Knott war der gesamte Kundendienst äußerst bescheiden, und die Verkaufsabteilung arbeitete nur mäßig professionell. Das »verrückte«, zumindest ungewöhnliche Konzept hätte eigentlich auch Käufer abschrecken müssen, zumal man häufig dem Gespött der Passanten ausgesetzt war. Vermutlich waren die Erfahrungen von Prof. Dr. Willy Messerschmitt bei Großprojekten, der geringe Verkaufspreis (1957: Standard 2310 DM, Roadster 2063 DM, de luxe 2395 DM), die geringen Unterhaltskosten, das Fahren mit dem alten Führerschein Klasse 4 (Kfz bis 250 cm³), die verhältnismäßig hohe Beschleunigung und der Fahrspaß ausschlaggebend für den Erfolg.

Messerschmitt-Stand auf der IAA 1955. Im Vordergrund der neue KR 200, links im Hintergrund der 200 Super, der am 29. August 1955 auf dem Hockenheimring Weltrekorde fuhr.

Karges Armaturenbrett des KR 200.

Citroën 2 CV (Import 1959 bis 1992)

Die Urente aus der Vorkriegszeit.

Erst ab 1959 exportierten die Franzosen den 2 CV in die Bundesrepublik.

Die Entwicklung der »Ente« begann schon im Jahre 1936 unter der Projektbezeichnung TPV (toute petite voiture = ganz kleines Auto). Dabei gingen die Entwickler nicht den damals üblichen Weg, sich Gedanken über die Konzeption zu machen und den zukünftigen Fahrer außen vor zu lassen, sondern betrieben gezielt Marktforschung, um die Bedürfnisse der Käufer herauszufinden. Was dann aber daraus als Konstruktion entstand, verschlug bei der Präsentation auf dem Pariser Salon 1948 den Journalisten die Sprache und sorgte bei der Konkurrenz für Hohngelächter. »Nicht verkaufbar« lautete das Urteil der meisten Fachleute. Ein Jahr später rollte die Serienfertigung an, und schon bald konnte man die stürmisch ein-

setzende Nachfrage nicht befriedigen, was zu fünfjährigen Lieferzeiten führte.

Erst ab Frühjahr 1959 exportierte Citroën den Wagen in die Bundesrepublik und bot die Standardversion für 3650 DM an (Export-Modell AZL 3950 DM). Die Zulassungszahlen waren anfänglich recht mager (1090 Einheiten 1959), steigerten sich zusehends und erreichten 1974 den Höhepunkt mit 21 696 Enten (Meier: Citroën 2 CV, Braunschweig 2005). Erst 1992, nach 33 Jahren, wurde der Import eingestellt.

Nur der niedrige Verkaufspreis, die geringen Unterhaltskosten und die kümmerliche Motorleistung ließen die Einordnung in die Kleinwagenklasse zu. Das Raumangebot der Ente und die vier großen Türen entsprachen der Mittelklasse. Ein gebläsegekühlter, 2-Zylinder-4-Takt-Boxermotor

Hatte man beim Messerschmitt Kabinenroller vieles weggelassen, so gab es bei der Ente alles reichlich: viertes Rad, zweiter Zylinder, vier Ventile, ein Differenzial, ein Lenkgetriebe, vier Türen, einen Kofferraum, zwei Sitze mehr usw. Trotzdem wog der Wagen nur 530 kg. Das lag auch an den verwendeten dünnen Blechen, die aber auch zu dem Eindruck einer etwas instabilen Karosserie führten.

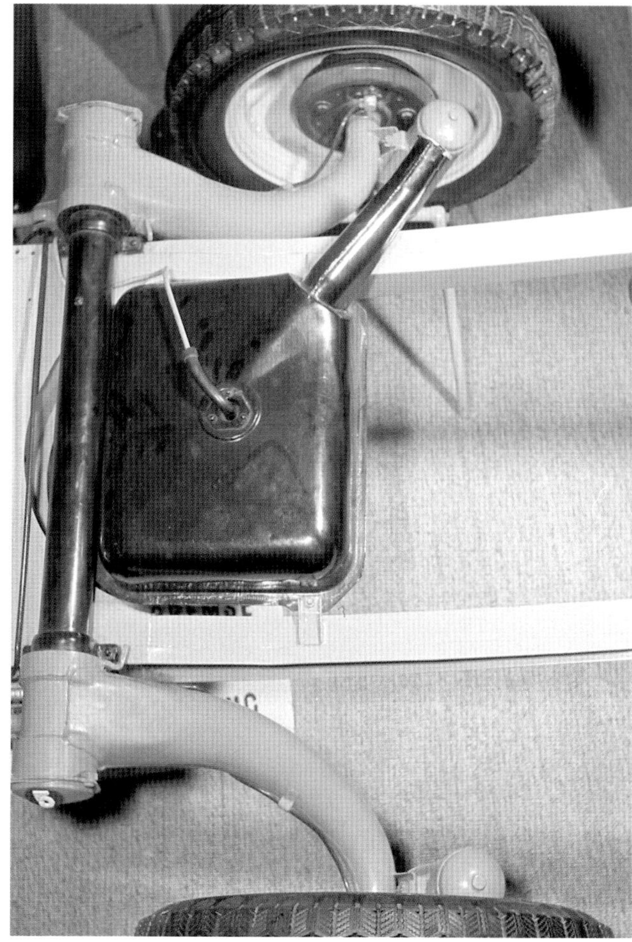

Der 2-Zylinder-Boxermotor liegt vor der angetriebenen Vorderachse, und die hydraulischen Bremsen befinden sich am Differenzialausgang (geringe ungefederte Massen!). An stabilen, gefederten Schwingarmen (3) sind die Räder und die Stoßdämpfer befestigt (Foto links). Auch die hinteren Räder sind über Schwingarme einzeln aufgehängt (rechts).

(425 cm^3, 12 PS, 530 kg, Leistungsgewicht 44 kg/PS) sorgte für den Antrieb, ungewöhnlich große Schwungmassen trugen zur Laufruhe bei und dienten der Überbrückung von Zugkraftlücken. Die vorderen Kotflügel waren mit nur drei Schrauben befestigt, sodass sie bei Wartungs- und Reparaturarbeiten in Sekunden abgenommen werden konnten. Doch nicht nur die Reparaturfreundlichkeit, auch der ungewöhnliche Fahrkomfort gehörte zu den großen Vorteilen dieses frontgetriebenen französischen Autos (das u. a. auch in Belgien hergestellt wurde). Die einfachen, aber äußerst bequemen Sitze, die exakte Radführung bei extrem großen Federwegen, der lange Radstand von 2400 mm (Lloyd 2000 mm, Isetta 1500 mm) und die großen Räder mit Gürtelreifen (!) waren verantwortlich

für den Fahrkomfort und die gute Straßenlage. Allerdings neigte sich der Aufbau aufgrund der langen Federwege in schnell gefahrenen Kurven bedenklich nach außen und jagte damit manchem Zeitgenossen Angst ein, doch beeinträchtigte das nicht die Fahrstabilität.
Das tragende Fahrwerk des 2 CV erleichterte den Bau von Sonderausführungen, wie z. B. Cabriolet und 2-Sitzer-Coupé. So diente die Ente selbst Citroën als Basis für die Dyane, den Ami und den Méhari. Insgesamt sind rund fünf Millionen Exemplare gebaut worden.
Der Citroën 2 CV gehört zu den wenigen Autos, an die sich die meisten Besitzer sehr gerne erinnern, denn so hässlich das Entlein war, es besaß Charakter.

Manche Autos sind anscheinend zeitlos. Dazu gehört die Ente mit ihren Umbauten (Roadster, Cabrio etc.), die von verschiedenen Firmen angeboten wurden.

Fuldamobil (1953 bis 1969)

Fuldamobil N-2 »Silberfloh« auf der Internationalen Automobilausstellung 1953.

Der S-1/-2 mit der für die Mobile aus Fulda so typischen runden Karosserie.

Wenn man die Quellen studiert, bekommt man den Eindruck, dass es dem Hersteller des Fuldamobils nicht auf Geld oder Gewinn ankam, sondern auf die Freude, einen Kleinwagen zu bauen. Der Fuldaer Diplom-Ingenieur Karl Schmitt, Inhaber einer anscheinend gut florierenden Bosch-Vertretung und der Elektromaschinenbau Fulda GmbH, finanzierte das dreirädrige Fuldamobil. Entwickler war Norbert Stevenson, der zwar nur ein Semester Maschinenbau am Technikum in Berlin studiert hatte, aber trotzdem eine recht ordentliche Konstruktion hinlegte. 1950 entstand der erste Wagen, dessen Karosserie arg schwer geriet. Sie bestand aus einem Holzgerippe, das mit Blechplatten verkleidet war. Es folgte der Typ N, bei dem das Karosserieblech durch Sperrholz und Kunstleder ersetzt wurde. Immerhin entstanden bis September 1952 400 Wägelchen. Bis zum Som-

mer 1955 baute man in Fulda dann den Typ N-2 »Silberfloh«, dessen gerade Alubleche den vom Wohnwagenbau her bekannten Hammerschlag aufwiesen. Im Juli 1953 kam der S-1 auf den Markt, der eine rundliche Alublech-Karosserie hatte. Die Entwicklung führte über den nur wenig geänderten S-2, die zwei Versuchswagen S-3, den mit zwei Hinterrädern ausgestatteten S-4, den Roadster S-5 (nur ein Wagen gefertigt) und den mit hinterer Panoramascheibe versehenen S-6 hin zum ab 1957 produzierten S-7 mit Kunststoffkarosserie (Leermasse 310 kg, Länge 3200 mm, Verkaufspreis 3700 DM). Die Fuldamobile hatten verschiedene Motoren mit Leistungen um 9,5 PS. So verwendete Stevenson 2-Takt-Aggregate von Zündapp, Baker & Pölling, Fichtel & Sachs, ILO und den 4-Takt-Motor von Heinkel. Die Schätzungen, wie viele Fuldamobile entstanden, gehen weit auseinander. Firmenchef Schmitt hatte nämlich die große Fähigkeit, Lizenzen für den Nachbau verkaufen zu können, sodass man kaum feststellen kann, wie

S-2 aus der Fertigung der Nordwestdeutschen Fahrzeugwerke (NWF) in Wilhelmshaven (oben und unten).

viele Wagen tatsächlich entstanden sind. Größter Zweitproduzent war NWF (Nordwestdeutsche Fahrzeugwerke) in Wilhelmshaven, die ca. 700 Mobile zwischen 1954 und 1955 fertigten. Skurrilster Lizenznehmer war der österreichisch-englische Geschäftsmann York Noble, dem es gelang, die Ex-Frau des Schahs von Persien, die ehemalige Kaiserin Soraya, als Teilhaberin seiner österreichischen Filiale zu gewinnen. Begeistert schilderte Noble, welche Kunden das von ihm in »Nobel« umbenannte Fuldamobil erreichte: »Der Herzog von Edinburgh war beim Anblick des ›Nobel 200‹ so begeistert, daß er ihn sofort kaufte und eigenhändig zum Buckingham Palace fuhr, wo ihn jetzt Prinz Charles benutzt. In den nächsten 1 1/2 Jahren werden wir 10 000 Stück bauen!«
Die Zahl der in Fulda hergestellten Fahrzeuge dürfte tatsächlich nur bei 2200 Exemplaren (Eckermann: Automuseum Störy, Bockenem 1994) liegen. Eine recht geringe Zahl für die lange Produktionszeit.

Verladung der neuen Fuldamobile auf die Bundesbahn-Waggons durch die Nordwestdeutschen Fahrzeugwerke in Wilhelmshaven.

BMW Isetta (1955 bis 1962)

BMW hatte mehr Pech als andere westdeutsche Automobilhersteller. Durch die Folgen des Zweiten Weltkriegs verlor BMW sein Automobilwerk in Eisenach, die Münchner Werke wurden großteils demontiert, und in die Hallen zogen die amerikanischen Besatzer. Deshalb gelang es erst 1948, das leicht geänderte 250-cm^3-Vorkriegs-Motorrad wieder auf den Markt zu bringen. Allerdings waren die Stückzahlen in diesem Jahr noch äußerst bescheiden (59 Maschinen). Das sollte sich schnell ändern (1949 9400 Stück), wollten die jungen Bundesbürger doch fix mobil werden. Der Motorradboom setzte vehement ein und erreichte 1952 seinen Höhepunkt (BRD-Produktion 351 000 Motorräder). BMW war daran mit 28 300 Motorrädern (8 %) beteiligt und beherrschte das Segment der schweren Maschinen. Doch ebenso rasch wie der Boom gekommen war, blieben die Käufer wieder weg (BRD-Produktion 1956 nur noch 99 000), und der Markt für schwere Zweiräder brach fast völlig zusammen. Die BMW-

BMW Isetta (1957 bis 1962) mit geänderter Dachpartie und separaten Scheinwerfern.

BMW Isetta (1955 bis 1956) im Lloyd Werk Bremen.

Manager versäumten es, die Verluste mit anderen Produkten (Motorroller, Moped) abzufedern.

Im BMW-Autobereich sah es noch schlechter aus. Die Bayern konnten erst sieben Jahre nach Kriegsende ihr erstes Auto in Serie produzieren. Es war ein komfortabler, teurer 6-Zylinder-Repräsentationswagen (Typ 501, Länge 4730 mm, Leermasse 1340 kg), der Mercedes Konkurrenz machen sollte, sich aber kaum verkaufen ließ. Man hatte den Markt falsch eingeschätzt. Die alten BMW-Kunden wollten einen bezahlbaren Mittelklassewagen. Doch die Münchner Chefetage hielt strikt an der verlustbringenden Luxusklasse fest (BMW soll 4000 DM bei jedem Wagen zugesetzt haben), brachte doch der Motorradverkauf erhebliche Gewinne. Als man endlich begriff, dass die abebbende Motorradnachfrage nicht auf das Wetter zurückzuführen war, sondern einen Strukturwandel bedeutete,

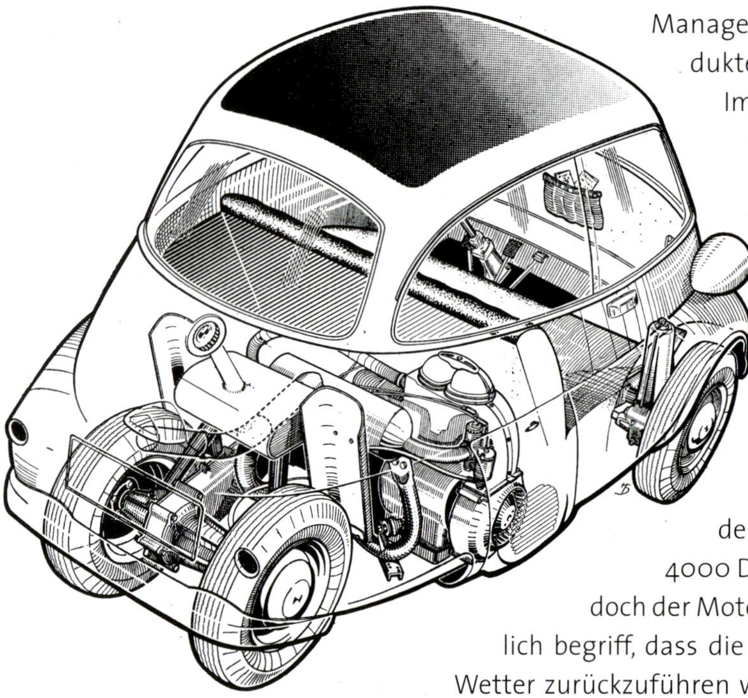

BMW Isetta, eine effektive Minimalkonstruktion mit außergewöhnlichem Design.

Der asymmetrische Einbau des Motors stellte eine unkonventionelle Lösung dar.

war es fast zu spät. Es stand kein Ersatzprodukt zur Verfügung. Auch war das Geld mittlerweile so knapp geworden, dass man nicht mehr die finanziellen Mittel für die Entwicklung, die Einrichtung der Serienfertigung und die Produktion eines Kleinwagens oder eines Mittelklassewagens aufbringen konnte. Der rettende Anker schien der serienreife italienische Kleinstwagen »Isetta« der Firma ISO zu sein. BMW erhielt die Presswerkzeuge für die Karosseriebleche und die Nachbaulizenz, womit die Münchner enorm Zeit sparten. BMW ersetzte aber den italienischen 2-Takt-Doppelkolbenmotor durch das 12-PS-250-cm^3-Aggregat aus dem Motorrad R 25/2 (ab Februar 1956 wahlweise 300 cm^3 und 13 PS). Im April 1955 startete die Produktion, und noch im gleichen Jahr rollten 12 917 »Knutschkugeln« vom Fertigungsband. Der ungekrönte Stückzahlenkönig bei den Kleinwagen, die zur Borgward-Gruppe gehörenden Lloyd Motoren Werke in Bremen, kaufte eine BMW Isetta, testete sie im Fahrversuch, zerlegte sie, vermaß sie und beurteilte sie durch die Versuchsabteilung. Die Ergebnisse hielt man in Berichten fest und überließ diese geheimen Schriftstücke der Konstruktionsabteilung zur Auswertung. Das hatte man auch mit einem Zündapp-Motor gemacht und kam zu folgendem Ergebnis: »Hinsichtlich des Verwendungszweckes ist dieser Motor optimal ausgelegt. Es konnten keine wesentlichen Mängel festgestellt werden, welche sich nachteilig auf das gesamte Fahrzeug auswirken ... Bezüglich der Fertigung und Montage muß gesagt werden, daß keine Beanstandung bestand, was auf einen hohen Stand in der Motorenfertigung schließen läßt.« Graue Haare wären dagegen der BMW-Führung gewachsen, wenn die Ergebnisse der Lloyd-Untersuchung des BMW Isetta-Motors der Öffentlichkeit bekannt gegeben worden wären.

Die Fahrer der Lloyd-Versuchsabteilung fuhren mit dem BMW-Kleinwagen 12 000 km, bevor der Motor im Herbst 1956 auf dem Prüfstand durchgecheckt wurde. Der Motor zeigte sich leistungsschwach (9,3 PS statt der angegebenen 12 PS) und verbrauchte zu viel, da der Vergaser das Luft-/Kraftstoff-Verhältnis zu niedrig mischte. Beispielsweise kam im 1/4-Lastbereich bei 4000 U/min 1 kg Sprit auf nur 9,3 kg Luft. Die Ergebnisse waren so unglaubwürdig, dass mehrmals gemessen wurde. Doch die Messwerte bestätigten sich. Obwohl der Motor bis dato nur wenig gelaufen war, mussten der Kolben und der Vergaser erneuert werden. Jetzt lagen zwar die Luft-/Kraftstoff-Verhältnisse im normalen Rahmen, doch die von BMW

Der von Lloyd demontierte und vermessene 250-cm^3-Motor aus der BMW Isetta.

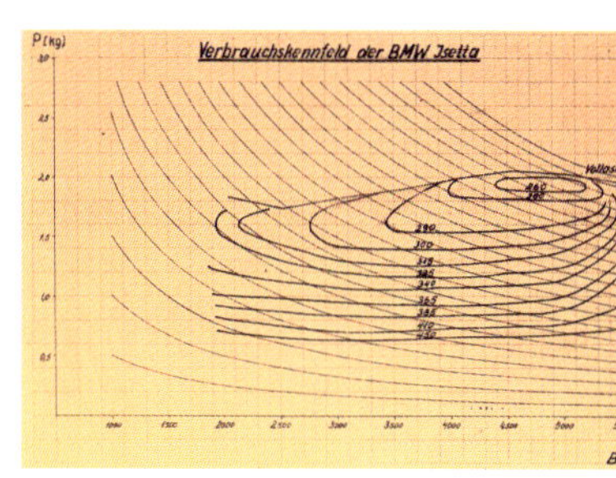

Das Diagramm »Verbrauchskennfeld der BMW Isetta« vom 1.10.1956 entstand in der Lloyd-Versuchsabteilung.

Die Isetta gab es auch mit 300 cm³ Hubraum und 13 PS.

angegebene Leistung konnte trotzdem nicht erreicht werden. Das Triebwerk lieferte nur magere 10,2 PS. Der defekte Isetta-Kolben ließ den Lloyd-Technikern keine Ruhe. Argwöhnisch nahmen sie weitere Messungen am neuen Kolben vor und fanden die Annahme bestätigt: Zylinder und Kolben litten unter nicht zu akzeptierendem Verschleiß. Fehlkonstruktion! Erstaunlich ist, dass die Lloyd aus dieser Tatsache keine Vorteile zog. Vielleicht wollte man keinen Streit vom Zaun brechen, weil Lloyds eigener 400-cm³-Motor thermische Probleme hatte. Und man konnte ja nie wissen, ob die Versuchsabteilung von BMW das nicht auch schon wusste.
Der Makel mit dem verschleißfreudigen Motor wurde jedenfalls nicht bekannt, vermutlich hatte BMW ihn auch in der laufenden Serie beseitigt. Die Isetta avancierte zum Synonym für Kleinwagen der Wirtschaftswunderzeit. Sie blieb bis 1962 im Programm und verkaufte sich über 160 000-mal, schaffte es aber nicht, BMW aus den roten Zahlen zu hieven.

Die Isetta war auch im Gebirge zuverlässig.

Fiat 600 (1955 bis 1969)/NSU-Fiat Jagst (1956 bis 1969)

Die Neckarsulmer Strickmaschinenfabrik Schmidt & Scholl (NSU) baute schon vor über 100 Jahren Zweiräder und versuchte sich auch im Automobilbau. 1929, die NSU-Geschäfte gingen schlecht, musste man das Autowerk in Heilbronn an Fiat verkaufen und den Italienern bestätigen: »... gestatten wir Ihnen, Ihre Firma (den Heilbronner Zweigbetrieb) ›NSU Automobil-Aktiengesellschaft‹ zu benennen und verpflichten uns, weder fertige Automobile noch Automobilbestandteile unter der Marke NSU ... zu verkaufen ...« Damit war für Fiat klar, dass man auch 27 Jahre später den neuen 600er-Wagen in der Bundesrepublik unter dem Namen »NSU Heilbronn« anbieten konnte. Das sah der Motorradproduzent NSU/Neckarsulm völlig anders, konstruierte man dort doch an einem eigenen Kleinwagen (NSU Prinz). Gerichte wurden bemüht, und man einigte sich darauf, dass Fiat seine in Deutschland produzierten Fahrzeuge unter der Marke »NSU-Fiat« verkaufen konnte. Erst 1966 ersetzte Fiat die Marke durch den

Damit wollte Fiat auf den deutschen Markt und nervte NSU. Der Kompromiss:

Der Fiat 600 und sein Pendant, der NSU/Fiat 600, gehörten zu den erfolgreichsten Kleinwagen in der Bundesrepublik.

Begriff »Neckar« und stellte 1969 die Autoproduktion in Deutschland komplett ein.

Fiat präsentierte den 600er auf der IAA 1955. Der Wagen wurde aus Italien importiert und kostete 1960 4330 DM. In Heilbronn montierte man den NSU-Fiat Jagst aus den italienischen Baugruppen, verwendete jedoch deutsche Ausrüstungsteile (die Elektrik stammte beispielsweise von Bosch, nicht von Marelli) und lieferte den Wagen serienmäßig mit Schiebedach. Die deutsche NSU/Fiat-Version gab es schon für 4245 DM.

Der Kleinwagen hatte Platz für vier Erwachsene und etwas Gepäck, das man im vorderen Stauraum neben dem Tank und hinter den Hintersitzen deponieren konnte. Der Motor war längs im Heck eingebaut, was Platzverschwendung war, weil im Motorraum die linke Seite ungenutzt blieb. Seine 19 PS (später 20 PS) holte er aus einem Hubraum von 633 cm³. Die Höchstgeschwindigkeit betrug 95 km/h.

Der Fiat war ein »ausgewogener und funktionell wie formal harmonischer Kleinwagen« (Simsa: Roller – Mobil – Kleinwagen Nr. 1, Stuttgart 1960). Dazu trug auch der als Drosselmotor ausgelegte, laufruhige, wassergekühlte 4-Zylinder-4-Takter bei, den es ab 1960 auch mit 770 cm³ Hubraum und 25 PS gab. Ab 1964 lieferte man den Wagen dann mit 23 PS aus, weil er in einer günstigeren Versicherungsklasse lief.

Erst 1969 endete die Produktion bei Fiat in Turin ebenso wie bei NSU-Fiat in Heilbronn. Insgesamt sind ca. 2,5 Mio. 600er gebaut worden. Davon verkaufte man rund 300 000 Exemplare in der Bundesrepublik.

Eine Variante des 600ers war der Typ Multipla, der die Frontlenkerbauweise beim Personenwagen einführte und als erster Großraum-Pkw gilt. In ihm hatten bis zu sechs Personen bequem Platz. Die Ausführung 4-Sitzer kostete 1956 5070 DM, der 6-Sitzer 5170 DM.

Glas Goggomobil (1955 bis 1969)

Fröhliche Gesichter bei Hans Glas (links) und Verkehrsminister Seebohm.

Erstaunlich ist die Tatsache, dass ein Mann fast ohne Fremdkapital eine Großserienfabrikation aufziehen konnte. Es war Hans Glas, der dieses Bravourstück Mitte der 1950er-Jahre schaffte. Während des Ersten Weltkriegs arbeitete er als Eisverkäufer in den USA, jobbte bei Ford in Detroit und war bei der Indian Motor Cycle Comp. als Betriebsleiter tätig. So lernte er die amerikanischen Produktionsmethoden kennen und bekam die Anfänge der Massenmotorisierung mit. 1924 kehrte er nach Deutschland zurück und musste die Isaria Landmaschinenfabrik (Dingolfing/Bayern) sanieren, an der sein Vater beteiligt war. 1937 wurde er Alleininhaber der Unternehmung und baute sie zur größten Sämaschinenfabrik Europas aus.
Als Ende der 1940er-Jahre die Bauern ihr Geld für Traktoren und nicht mehr für Sämaschinen ausgaben, kam sein Sohn Andreas auf die Idee, Motorroller zu produzieren. Das lief auch recht ordentlich. Doch Hans Glas erahnte den Rückgang des Motorrad- und des Rollermarktes frühzeitig, als er bei einer Regenfahrt von München zurück nach Dingolfing rund 100 Zweiradfahrer überholte und deren finstere Miene sah.
Und so konstruierten Dipl.-Ing. Andreas Glas und sein Freund Dipl.-Ing. Karl Dompert einen Kleinwagen, der kein Primitivmobil, sondern ein richtiges

Das Goggomobil in der Durchsicht.

Auto mit vier Rädern war. Hans Glas setzte alles auf eine Karte. Damit wenig Teile zugekauft werden mussten, hatte er sich für einen 2-Zylinder-2-Takt-Motor entschieden, den die Dingolfinger selbst herstellen wollten. Auch die Fabrikationseinrichtungen, wie das Fließband und die Lackieranlage, konstruierten die beiden jungen Techniker. Und wo andere Fabriken Millionen in den Aufbau der Produktionsanlagen für einen Kleinwagen investierten, kam Hans Glas mit einem Bruchteil davon aus. Um aus langfristigen Lieferverträgen mit den ILO-Werken für die Roller-Triebwerke herauszukommen, zahlte er eine Million DM an das Pinneberger Motorenwerk. Der Kleinwagen war sein Ding. Es gelang ihm, das Goggomobil noch 250 DM billiger als den Lloyd-Kleinwagen anzubieten. Das Wägelchen mit dem 250-cm^3-13,6-PS-Motor (Führerschein Klasse 4!) kostete 3097 DM, mit dem 300-cm^3-14,8-PS-Motor 3157 DM und mit dem ab 1957 lieferbaren 400-cm^3-20-PS-Motor 3232 DM. Platz hatte es für zwei Erwachsene und zwei Kinder (eine Reisegepäckunterbringung fehlte kom-

Von Zürich bis Kiel nur Goggomobil.

Im Herbst 1956 stellte Glas das bildhübsche zweisitzige Goggo-Coupé auf der Internationalen Fahrrad- und Motorrad-Ausstellung (IFMA) in Frankfurt/Main vor. Durch den tieferen Schwerpunkt verbesserte sich die Straßenlage gegenüber der Limousine etwas. Allerdings brachte das Coupé fast 100 kg mehr Gewicht auf die Straße, was dem nicht gerade übermotorisierten Fahrzeug noch weniger Rasanz verlieh.

Verkaufsprospekt der Goggo-Limousine (rechte Seite oben).
Der Glas-2-Takt-Motor (rechte Seite unten).

plett). Obwohl die Straßenlage durch zwei Pendelachsen recht abenteuerlich geriet, der Wagen zum Klappern neigte und der 2-Takt-Motor bei forscher Fahrweise auch mal 8 Liter Gemisch auf 100 Kilometer verbrauchte, verkaufte sich das Goggomobil recht gut. Es lag nicht nur am Preis, sondern auch daran, dass Glas ein konventionelles Fahrzeug entwickelt hatte, ein Mobil, das auch wie ein Auto aussah. Den Vertrieb, die Wartung und eventuelle Reparaturen hatten die bisherigen Goggo-Roller-Werkstätten und neu dazugewonnene Zweiradhändler übernommen. Sie setzten schon im ersten Verkaufsjahr 1955 knapp 10 000 Exemplare ab. Die höchste Verkaufszahl erreichte man 1957 mit 43 372 Einheiten. Ab 1961 nahm die Jahresproduktion kontinuierlich ab. Zum Schluss 1969 bediente man vermutlich nur noch die kleiner werdende Gemeinde der Führerschein-Klasse-4-Besitzer, die ihre Prüfung vor Ende 1954 abgelegt hatten und damit auch Autos bis 250 cm^3 Hubraum fahren durften.
Insgesamt sind rund 280 000 Goggos gebaut worden, wovon ca. 15 % mit dem 300er- und ca. 7 % mit dem 400er-Motor ausgestattet waren.

GOGGOMOBIL
Limousine
250
300
400
B A 300
Neu als Viersitzer
Neu mit 400 ccm

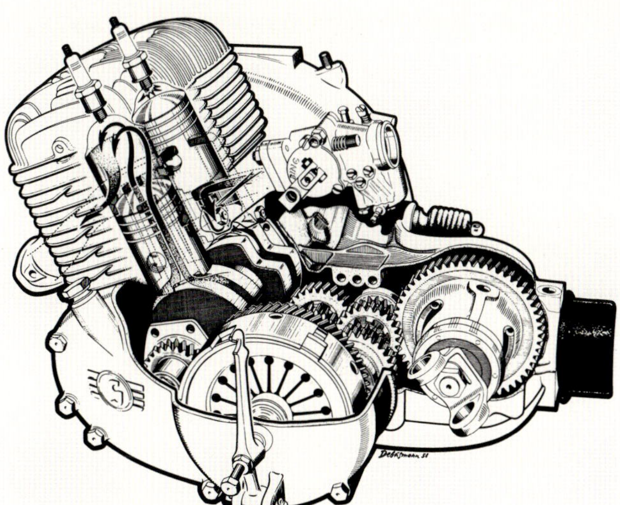

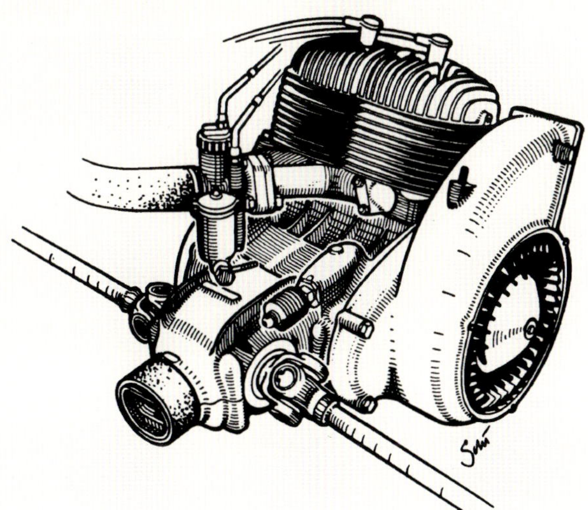

Lloyd LP 600 (1955 bis 1961)

BMW (Isetta), Fiat (600) und Lloyd eröffneten den Reigen der 4-Takt-Motoren im Kleinwagenbereich. Die Isetta hatte ja den 1-Zylinder aus dem Motorrad R 25, Fiat bot sogar einen 4-Zylinder, und Lloyd ging den Mittelweg mit einem quer und schräg eingebauten 2-Zylinder-Reihenmotor mit oben liegender Nockenwelle. Das Aggregat leistete 19 PS (LP 600 – 3680 DM) und in der ab 1958 lieferbaren Alexander TS-Version 25 PS (4328 DM). Ein 1956 auf den Markt gebrachtes »Prüfungsangstauto« mit 250 cm^3 (alter Führerschein 4), erwies sich als Flop (3768 Exemplare). Das machte der Baureihe der »Rundlinge« allerdings nicht viel aus. Mit 305 000 Fahrzeugen war der Lloyd aus Bremen der Primus der Kleinwagen.

Der neue Lloyd-2-Zylinder-4-Takt-Motor mit 600 cm^3.

Der Lloyd bot vieles: vier Plätze, Gepäckabteil und ab 1955 auch einen 4-Takt-Motor.

Der 250er-Lloyd war ein abgemagerter 400er. Um den Preis von knapp 3000 DM zu erreichen, musste der Käufer auf Chromzierrat, Stoßstangen, Radkappen, Gummimatten, Himmel, Heizung, hintere Sitzbank und Innenbeleuchtung verzichten, es sei denn, er bestellte die Vollausstattung zum Preis von 3350 DM (rechte Seite oben).

Der Alexander TS hatte einen auf 25 PS leistungsgesteigerten Motor und eine neue Hinterachse, die die Straßenlage erheblich verbesserte (rechte Seite unten).

AE55-3121

HB-DV 658

Maico 500 (1956 bis 1958)

Größer als sein Vorläufer Champion 400: der Maico 500.

Auch die Gebrüder Maisch, Chefs der schwäbischen Motorradfabrik Maico, versuchten sich im Kleinwagenbau. Obwohl schon diverse Firmen am Champion 400 gescheitert waren, kauften sie aus der Konkursmasse die Nachbaurechte, die Konstruktionsunterlagen, die Halbzeuge und die Produktionseinrichtungen. Die Warnung des Champion-Erbauers Holbein, die Konstruktion sei zu alt, schlugen sie in den Wind. Berechnungen, dass mindestens 400 Autos pro Monat gebaut und verkauft werden müssten, ignorierten sie, wissend, dass das Werk sowieso nur eine Kapazität von 200 Exemplaren/Monat hatte (zum Vergleich: Lloyd produzierte bis zu 250 Autos pro Tag!)

Maico präsentierte den Ex-Champion auf der IAA 1955 mit verlängertem Radstand und vergrößerter Karosserie, die nun endlich vier Sitzplätze bot. Als Antrieb diente der 2-Zylinder-2-Takt-Heinkel-Motor mit 18 PS, da sich das hauseigene 22-PS-Triebwerk aus dem Maico-Kraftrad Taifun 400 nicht eignete. Der Verkaufspreis betrug 3665 DM. Der Preis war akzeptabel, weil der Wagen recht ordentlich gelungen war, und den 2-Takt-Motor nahmen die Interessenten in Kauf. Die Maico-Händler frohlockten angesichts der vielen Käufer. Doch Maico konnte die gewünschten Stückzahlen nicht liefern. 1956, im ersten Produktionsjahr, bauten die Pfäffinger 1460 Exemplare, 1957 knapp 4000 Fahrzeuge.

Bald ergab sich jedoch ein schwerwiegendes Problem: Der Lenkhebel des Maico war falsch konstruiert, die Dauerstandfestigkeit nicht gegeben. Er brach, und der Wagen, nun manövrierunfähig, »verunfallte«. Anstatt nun schnell, still und heimlich den Hebel über das Werkstattnetz auszutauschen, setzten sich die Brüder Maisch aufs hohe Ross und bügelten Garantie- und Schadenersatzansprüche mit dem Hinweis auf Fahrfehler bei den Betroffenen ab. Die Sache kochte hoch, und Maicos Ruf, der auf guten Motorrädern basierte, nahm schweren Schaden. Die Verkäufe gingen zurück (mehr als zwei Mio. DM Verlust im Jahre 1957), und 1958 musste die Maico-Werke GmbH Pfäffingen Konkurs anmelden, nach 6301 produzierten 500ern.

Otto und Wilhelm Maisch hatten aber ordentlich getrickst. Eine ihrer Firmen fungierte als Besitzgesellschaft, die die Anlagen und Immobilien an die Maico-Werke GmbH vermietet hatte. Die Maico-Werke GmbH besaß dagegen nur die Stammeinlage, und die Mitarbeiter und Gläubiger konnten nicht ausgezahlt werden. Ein Gerichtsverfahren wurde angestrengt, bei dem es zu Tumulten kam. Otto Maisch wanderte ein Jahr und acht Monate ins Gefängnis, sein Bruder Wilhelm erlitt einen Schlaganfall und war gesundheitlich ruiniert.

Internationale Automobilausstellung 1955: Bundesverkehrsminister Seebohm fühlte sich im Maico 500 anscheinend wohl, und Wilhelm Maisch, Maico-Boss, bewies persönlich, dass der Wagen im Fond tatsächlich Erwachsenen Platz bot.

5807

Heinkel Kabine 150/153/154 (1956 bis 1958)

Nachdem das ehemalige Flugzeugwerk Messerschmitt seinen Kabinenroller präsentiert hatte, zog der Flugpionier Ernst Heinkel nach und zeigte zwei Jahre später seine Konstruktion auf der IFMA 1955. Durch eine mittragende Stahlblechkarosserie und konsequenten Leichtbau betrug das Leergewicht dieser vom Aussehen her der Isetta ähnlichen Kabine (Leistungsgewicht 29,2 kg/PS) nur 290 kg (Isetta 360 kg). Trotz der Ähnlichkeit bot der Heinkel mehr Platz (zwei Erwachsene plus zwei Kleinkinder). Als Antrieb diente der bewährte 4-Takt-Motor (174 cm^3 Hubraum, Leistung 9,3 PS, ab Ende 1956 10 PS bei 204 bzw. 198 cm^3 Hubraum) aus dem eigenen Hause vom Motorroller »Tourist«.

Nun hatte der bundesdeutsche Rollermobil-Interessent die Qual der Wahl. Sollte er den Heinkel (2750 DM), die Isetta (2780 DM) oder den Messerschmitt (2400 DM) kaufen? Ungewöhnlich waren ja alle mit ihren Fronttüren oder dem Einstieg von oben. Heinkel und Messerschmitt hatten aus der Kriegszeit durch ihre Kampfflugzeuge einen Namen, BMW durch die Motorräder und Autos. Das Händlernetz von Heinkel war durch das Moped »Perle« und den Motorroller »Tourist« (1953) ebenfalls engmaschig. Für Heinkel sprachen die Punkte: mehr Platz, günstigere Steuer (198 cm^3 = 29 DM/Jahr, Isetta 44 DM/Jahr) und günstigere Jahresversicherungsbeiträge (Haftpflicht 50 DM, Messerschmitt und Isetta 70 DM). Gegen Heinkel sprach die Undichtigkeit der Karosserie. Regen- und Spritzwasser drangen in den Innenraum, des Fahrers Füße standen in einer Pfütze, und nach kurzer Zeit roch das Wageninnere verschimmelt. Heinkel sah das wohl anders und ließ Ablauflöcher in das Bodenblech bohren (womit die Firma zugab, dass das Auto undicht war).

1956 fertigte Heinkel 3665 Stück, 1957 knapp 7000 Exemplare und im letzten Baujahr 1958 noch 1362 Kabinen. Heinkel wollte sich wie Messerschmitt auf die Flugzeugproduktion konzentrieren und versuchte daher, die Produktionsanlagen zu verkaufen. In Argentinien konnte zwischen 1957 und 1959 eine Lizenzfertigung aufgezogen werden. Eine weitere Nachbaulizenz und die deutschen Produktionsanlagen kaufte 1958 die Dundalk Engineering Works Ltd. aus Irland. Qualitätsprobleme bei den Fahrzeugen stoppten den Serienbau, und die Iren verkauften alles an die englische Firma Trojan, die die Heinkel Kabine bis 1966 weiterproduzierte.

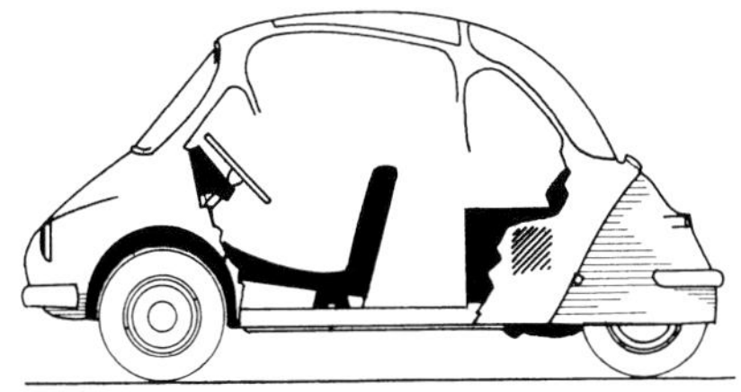

Die Heinkel Kabine bot mehr Platz, war schwächer motorisiert, aber rund 100 kg leichter als die BMW Isetta 250 und erreichte ähnliche Fahrleistungen.

W61-5807

Spatz/Victoria 250 (1956 bis 1958)

Der Stuttgarter Rennfahrer Egon Brütsch († 1988) verschrieb sich dem radikalen Leichtbau und entwickelte 1954 einen recht eleganten dreirädrigen Kleinwagen mit einer selbsttragenden, aus zwei Teilen bestehenden Karosserie aus glasfaserverstärktem Duroplast (GFK). Die Vorderachse und die Hinterradaufhängung waren unter Verzicht eines Hilfsrahmens direkt mit der GFK-Unterschale verbunden. Das war riskant, weil damals nur geringe Erfahrungen mit den modernen Kunststoffen vorlagen. Brütsch konnte die erforderliche Versuchsphase und die Produktion des »Brütsch 200« nicht finanzieren. So traf es sich gut, dass ihn am 8. Dezember 1954 der Chef der Bohrmaschinenfabrik Alzmetall, Harald Friedrich, besuchte und die Rechte an seinem Kleinstwagen erwerben wollte. Man einigte sich auf 20 000 DM, einen Lizenzvorschuss in Höhe von 5000 DM und 35 DM Lizenzgebühren pro gefertigtem Fahrzeug.
Nach wenigen Versuchsfahrten mit dem Prototyp entdeckte Friedrich Risse an der Karosserie im Bereich der Radaufhängungen und stellte fest, dass der 200er noch weit von einer Serienfertigung entfernt war. Im Frühjahr 1955 beauftragte er den ehemaligen Chefkonstrukteur der Tatra-Werke Hans Ledwinka (1878–1967), den Wagen serienreif zu machen. Ledwinka stellte das Dreirad auf vier Räder, verwendete einen Zentralrohrrahmen und veränderte die Karosserie. Fortan sprach Friedrich von

Brütsch-Dreirad 200.

Spatz-Prospekt der Bayerischen Autowerke von 1956 .

Der Messestand von Harald Friedrich in Halle 14 auf der IAA 1955 in Frankfurt.

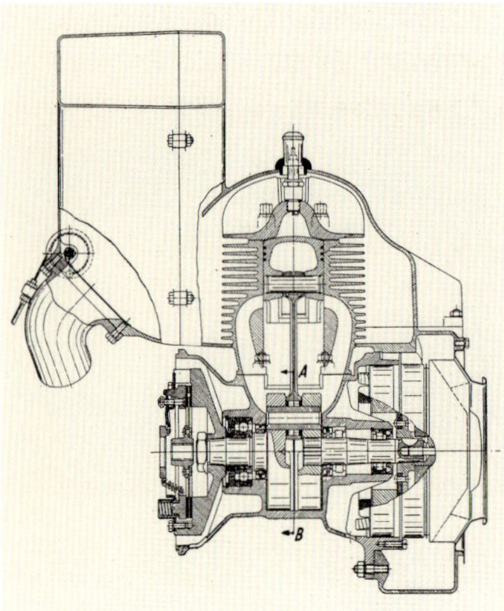

Der aus dem Victoria-Kraftrad KR 26N stammende 2-Takt-Motor mit 247 cm³ Hubraum und einer Leistung von 14 PS wurde ab Juli 1957 eingebaut.

einer Eigenkonstruktion und stellte den nun »Spatz« genannten Wagen auf der IAA im September 1955 aus. Brütsch, um seine Lizenzgebühren fürchtend, machte Friedrich das Leben schwer, obwohl der TÜV München im Januar 1956 bestätigte: »Der Fahrzeugtyp ›Spatz‹ stellt keine Weiterentwicklung des Typs ›Brütsch 200‹ dar. Es handelt sich um eine Neukonstruktion …«

Im Februar startete in Traunreut bei Alzmetall die Serienfertigung, und Friedrich gelang es, den Nürnberger Zweiradproduzenten Victoria als Vertriebspartner zu gewinnen. Gemeinsam gründeten sie im Juli die »Bayerische Autowerke GmbH« (BAW) und stellten auf der Internationalen Fahrrad- und Motorradausstellung im Oktober in Frankfurt den Kleinwagen vor. In einer Pressemitteilung lamentierte Brütsch: »Es ist eine Schande und Frechheit … Zeitungsenten zu verbreiten, der ›Spatz‹ sei eine Eigenkonstruktion.« Friedrich antwortete mit einer einstweiligen Verfügung unter Androhung von sechs Monaten Haft, die Brütsch verbot, weiterhin zu behaupten, dass der Spatz seine Konstruktion sei.

Im Dezember des Jahres stieg Harald Friedrich aus der Bayerischen Autowerke GmbH aus, die bis dato 499 »Spatzen« produziert hatte. Victoria baute den Spatz mit dem 192-cm³-Sachs-Motor (Leistung 10,2 PS bei 5250 U/min) bis Mai 1957 und verbaute dann ab Juli einen eigenen, nun aber gebläsegekühlten Motor (247 cm³, 14 PS) aus dem Kraftrad KR 26N und nannte den Kleinwagen »Victoria 250«.

Die sehr leichte Karosserie des Spatz bestand aus dem Polykondensat-Duroplast-Kunststoff Leguval von Bayer.

Schick und elegant, aber kaum verkäuflich: der Spatz der Bayerischen Automobilwerke.

Auf der IAA im September 1957 merkte man schnell, dass das Interesse am »sportlichen« Spatz nachgelassen hatte. Es lag am schwierigen Einstieg, da man mangels Türen über eine hohe Bordwand steigen musste. Damit fiel der 250er als Transportmittel für Senioren aus. Es lag ebenfalls an dem Gerücht, dass die Kunststoffkarosserie leicht in Flammen aufging, und letztendlich geriet der Wagen mit 3350 DM zu teuer. Für das gleiche Geld boten Glas und Lloyd »richtige« Autos.

Victoria beendete das Abenteuer, als Autoproduzent aufzutreten, im Februar 1958, nachdem man unter der Regie der BAW im Jahre 1957 259 Fahrzeuge und unter Victoria nochmals 666 Stück (1957) sowie 1958 noch 63 Exemplare herstellte. Unterm Strich machte das Victoria-Werk rund 3 Mio. DM Verlust.

Die Firma Burgfalke aus Burglengenfeld/Oberpfalz übernahm 1959 die Werkzeuge, die Zeichnungen und die Rechte von Victoria, baute noch wenige Exemplare für Liebhaber und übernahm den Ersatzteildienst für alle »Spatzen«.

BMW 600 (1957 bis 1959)

BMW hatte seit 1950 aus dem Motorradgeschäft geringe Gewinne erzielt, die sich ab 1954 durch den Zusammenbruch des Zweiradmarktes verringerten und ab 1956 von der verlustbringenden Autosparte aufgezehrt wurden (Gewinn 1954 1,1 Mio. DM, Verlust 1956 6,4 Mio. DM, 1958 12 Mio. DM – Oswald/Kittler: Alle BMW Automobile, Stuttgart 2000). Dieser bedrückenden Entwicklung versuchte BMW erst spät mit neuen Produkten entgegenzusteuern. 1955 brachte man die aus der Not geborene Isetta auf den Markt, die sich ganz erfreulich verkaufte, aber das finanzielle Bergab nicht verhindern konnte. Geld für die Entwicklung der lang erwar-

Der BMW 600 verleugnete seine Verwandtschaft zur Isetta nicht, hatte jedoch jeweils ein Rad an der »richtigen« Stelle und war mit seinen 19,5 PS üppiger motorisiert.

teten Limousine der Mittelklasse war nicht vorhanden. So versuchte man es erneut auf dem Kleinwagenmarkt, der seit einiger Zeit zum Hubraum von 600 cm^3 tendierte. Man nahm einen Isetta-ähnlichen Fachwerkrahmen mit Vierkantrohr und veränderte ihn so, dass hinten zwei Räder mit fast gleicher Vorderrad-Spurweite eingebaut werden konnten. Anschließend lieferte die Motorradabteilung den 494-cm^3-4-Takt-Boxermotor von der R 50 zu, der gedrosselt (19,5 PS statt 26 PS, nur noch ein Vergaser) und aufgebohrt (Bohrung jetzt 74 mm statt 68 mm) zum Einsatz kam. Die Front ähnelte stark der der Isetta. Dieser Kleinwagen sollte das Geld einspielen, welches man für das Projekt Mittelklassewagen benötigte.

Die Präsentation war auf der 1957er IAA. Dort befand man sich allerdings unvermittelt im Wettbewerb. Neben den schon eingeführten 600ern von Lloyd und Fiat wurden auf der IAA die Prototypen des NSU Prinz, des Glas T600 und des DKW gezeigt, der allerdings erst zwei Jahre später als 750er-»Junior« in Serie gehen sollte. Dazu kamen der 14 PS leistende Zündapp Janus, der Messerschmitt Tiger (19,5 PS) sowie international in Hubraum-Nachbarschaft der neue Fiat 500, der Renault 4 CV und der Steyr-Puch 500 (österreichischer Fiat-Lizenzbau mit eigenem Motor).

Im Dezember 1957 begann die Produktion, die schon nach nur 24 Monaten wegen zu geringer Verkäufe gestoppt wurde (Gesamtproduktion 1957 bis 1959 34 311 Exemplare, Anlaufkosten 8,9 Mio. DM). Statt der erhofften Gewinne brachte der 600er nur Verluste.

1959 gab es erneut ein Minus (9,2 Mio. DM), und die BMW-Führung beabsichtigte, das marode Unternehmen an die Daimler-Benz AG, Stuttgart, auszuliefern. Als Alternative stand nur der Konkurs im Raum. Die Übernahme durch die Schwaben verhinderten allerdings vehement die Kleinaktionäre und der Frankfurter Rechtsanwalt Dr. Friedrich Mathern auf einer äußerst turbulenten Hauptversammlung im Dezember des Jahres. Mathern gelang es durch sein Wissen um das Aktienrecht, die Entscheidung über die Sanierung zu vertagen. BMW verkaufte daraufhin sein Flugmotorenwerk an MAN für 30 Mio. DM, erhielt weitere Unterstützung der Aktionäre, erneuerte die Führungsspitze und bekam endlich mit dem neuen 700er den gewünschten Verkaufserfolg.

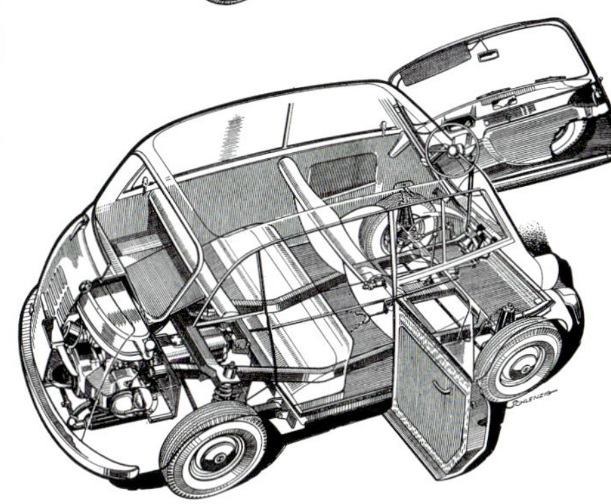

Das Chassis bestand aus einem Rahmen mit den Radaufhängungen. Im Heck war der gedrosselte 500er-Motor aus dem BMW-Kraftrad R 50 befestigt.

Fiat 500 Nuovo (1957 bis 1976)

Der Fiat 500 gehörte zu den »Longsellern« und mit über 4 Mio. verkauften Exemplaren auch zu den wenigen Millionären im Kleinwagengeschäft.

Fiat hatte mit dem 600er einen Verkaufsschlager und wollte mit einem neuen 500er das Programm nach unten abrunden. Die Entwicklungsarbeiten hatten 1953 begonnen. Man griff auf einen Entwurf der deutschen Fiat-Tochter Karosseriewerk Weinsberg zurück. Der 2-Zylinder-2-Takt-Motor der Pinneberger Firma ILO fand allerdings nicht die Gnade der italienischen Entwickler. Einen 2-Takter im Auto wollte man den Fahrern nicht zumuten. 1954 legte man die Eckdaten genauer fest und entschied sich gegen einen verkleinerten 600er, für eine noch rundere Karosserie, um nicht dem geplanten 600er Käufer wegzunehmen. Die ersten Erprobungsfahrten

fanden im Oktober 1954 statt. Der kleine Wagen, dem später Autotester eine hervorragende Konstruktion und ein gelungenes Styling attestierten, hatte die Achsen des 600ers, aber einen eigenen, im Heck untergebrachten gebläsegekühlten 2-Zylinder-4-Takt-Motor mit 479 cm^3 Hubraum und 13,5 PS (Leermasse 470 kg, Leistungsgewicht 34,8 kg/PS) und eine eigenständige selbsttragende Karosserie, die allerdings die Verwandtschaft zum 600er nicht verbarg (eine Verwandtschaft zum Vorläufer, dem 500er Fiat Topolino, bestand nicht).
Im Sommer 1957 kam der Fiat 500 auf den deutschen Markt. Der 2990 DM teure Kleinwagen verkaufte sich sehr ordentlich (bis zum Produktionsende 1975 über 200 000 Einheiten in der Bundesrepublik). 1958 hoben die Ita-

Auch das gab es: Rennen der Kleinwagen auf dem Hockenheimring.

Verkaufsprospekt für den neuen Fiat 500.

Der 500er in der Durchsicht.

liener die Motorleistung auf 15 und 1965 auf 18 PS an (Typ 500 F). Die 18 PS reichten für eine Höchstgeschwindigkeit von etwas über 100 km/h aus. In der Hubraumklasse bis 500 cm³ war das Angebot in der Bundesrepublik Mitte der 1960er-Jahre äußerst überschaubar. Man hatte die Wahl zwischen der Citroën Ente und dem Fiat 500 (wenn man vom Goggomobil 250 absah), entsprechend hoch waren die Zulassungszahlen beider Typen (z. B. 1966: Ente Stück 6730, Fiat 500 St. 5869 – 1968: Ente St. 4063, Citroën Dyane St. 2588, Fiat 500 St. 6630, Honda N360 St. 591).
Ingesamt bauten die Turiner über 4 Mio. Wagen dieser Typenreihe, womit sich der Fiat 500 zum Volkswagen Italiens mauserte. 1972 erschien der Nachfolger Typ 126, dessen 594-cm³-23-PS-Motor in gedrosselter Version (18 PS) dann auch bis zum Baustopp 1975 im 500 R Verwendung fand.

249350-TO

Zündapp Janus (1957 bis 1958)

Claudius Dornier, Sohn des Flugpioniers Claude Dornier, konstruierte mit seinem Mitarbeiter Erwin Hymer (später als Wohnmobilhersteller bekannt geworden) einen ungewöhnlichen Kleinwagen. Der Dornier Delta hatte durch die Rücken-an-Rücken-Anordnung der hinteren und vorderen Passagiere sowie durch die Platzierung des Motors in der Mitte des Fahrzeugs eine optimale Raumaufteilung bei kleinster Grundfläche. Dornier stellte den Wagen auf der IAA 1955 vor, an eine Serienfertigung dachte man aber nicht, weil Vater und Sohn Dornier mit Luftfahrtprojekten in Spanien beschäftigt waren.

Die bekannte Nürnberger Motorradfirma Zündapp hatte den Anschluss an den Kleinwagenmarkt fast versäumt, und für eine Eigenentwicklung war es zu spät. Da kamen die Dornier-Leute gerade recht, und Zündapp erwarb die Nachbaulizenz für den Delta. Die Nürnberger passten den nun »Janus« genannten Kleinwagen formal an und statteten ihn mit einem liegenden 1-Zylinder-2-Takt-Aggregat aus dem Motorradprogramm aus. Der Hubraum und somit die Leistung wurde nicht durch die technischen Bedingungen, sondern durch die Klasse-4-Führerschein-Vorgaben

Der Dornier Delta-Prototyp auf der IAA 1955.

Besuch des Bundespräsidenten Heuss auf dem Zündapp-Stand (IAA 1957) (rechte Seite oben).

AVON
JANUS
250

N-DE 177

Durchsicht des Janus.

Der Antrieb der Hinterachse erfolgte vom Motor über das Getriebe, eine Hardyscheibe, die einteilige Welle, erneut über eine Hardyscheibe zum Differenzial und von dort über Gelenkwellen zu den Rädern.

diktiert. Für die Serienmontage und Lackierung baute man eine große Halle und integrierte die Teilefertigung, den Motorenbau und die Schweißerei in die vorhandene Motorradfertigung. Im Frühsommer 1957 hatten Motorjournalisten als Erste die Gelegenheit, den für 3470 DM angebotenen Zündapp intensiv zu fahren. Sie waren der Meinung, dass man sich spätestens nach 50 km an die unkonventionelle Sitzanordnung gewöhnen würde. Das Einsteigen durch die Front- und durch die Hecktür war sehr bequem. Wenn die hintere Sitzbank herausgenommen wurde, stand ein beachtlich großer Laderaum zur Verfügung (in den man sogar einen Kühlschrank bekam), womit man gerade Kleinbetrieben mit ihren Transportaufgaben den Janus ans Herz legte. Man konnte die Sitzbänke aber auch auseinanderziehen, so entstand ein Bett von der beachtlichen Fläche 1,8 m x 1,3 m. Bemängelt wurde nur die äußerst spärliche Motorleistung von 14 PS bei einer Leermasse von 400 kg (Leistungsgewicht 28,6 kg/PS). Die Zündapp-Führung hatte errechnet, dass der gewinnbringende Bereich bei 15 000 verkauften Fahrzeugen pro Jahr begann. Obwohl der Janus eine geniale Lösung des Kleinwagenproblems war, sahen das die potenziellen Käufer anders. Sie störten sich an der ungewöhnlichen Sitzanordnung und bescherten Zündapp bedrückende Umsatzzahlen. Statt der angepeilten 5000 Fahrzeuge für das Jahr 1957 betrug die Produktion nur 1731 Stück. 1958, wo man mit 15 000 rechnete, kam man auf eine Zulassung von weit unter 5000 Wagen. Zündapp-Chef Neumeyer zog die Notbremse und ließ die Produktion des Janus nach insgesamt 6900 Einheiten im Oktober 1958 auslaufen. Die große Karosserieblechpresse ging an das Goggomobil-Werk von Hans Glas in Dingolfing.

Der Verlust aus dem Janus-Geschäft war so hoch, dass Zündapp sein Nürnberger Werk im Juli 1958 an die Robert Bosch GmbH verkaufen musste. Zündapp konzentrierte die Moped-, Roller-, Motorrad-, Nähmaschinen- und Bootsmotorenfertigung danach im Münchener Werk.

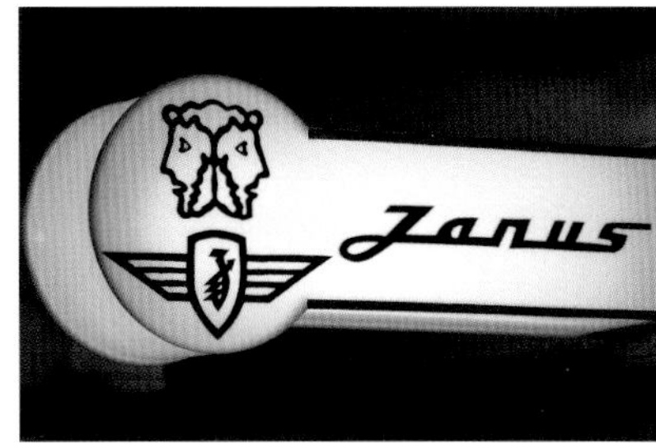

Glückliche Gesichter auf der hinteren Sitzbank konnte sich der Kleinwagen-Kaufinteressent bei der ungewöhnlichen Zündapp-Sitzanordnung nicht vorstellen und kaufte lieber einen anderen Wagen.

Glas Isar T600/700 (1958 bis 1965)

Der nicht fahrbereite Glas Goggomobil T 600-Prototyp auf der IAA 1957.

Verkaufsprospekt des nun schon als Isar bezeichneten »Großen Goggomobils«.

Eigentlich hatte der Chef des Goggomobil-Werks, Hans Glas, wieder einmal den richtigen Riecher. Ihm war schon Mitte der 1950er-Jahre klar, dass der Absatz des Primitivautos Goggo mit dem wachsenden Wohlstand der Bundesbürger stetig zurückgehen würde. Er beauftragte daher das bewährte Ingenieursteam Karl Dompert und Sohn Andreas damit, einen Wagen der 600-cm^3-Klasse zu entwickeln. Auf der Internationalen Automobilausstellung 1957 in Frankfurt zeigte man das Ergebnis, das »Große Goggomobil«. Das Fahrzeug entsprach in seiner ganzen kompakten Form mit der Zwei-Farben-Lackierung, dem großen Kofferraum, der modernen Panorama-Windschutzscheibe nach amerikanischem Vorbild, den Weißwandreifen, dem Breitbandtacho und dem 4-Takt-Boxermotor (20 PS) genau den Vorstellungen des Publikums. Nur mit dem Preis war das so eine Sache. Die 600er-Konkurrenz hatte nicht geschlafen. Der neue BMW 600

kostete 3985 DM, der Lloyd Alexander aus Bremen 3858 DM (Standardausführung 3658 DM), der ebenfalls neue NSU Prinz I 3739 DM (Prinz II 4079 DM) und der seit 1955 auf dem Markt befindliche NSU-Fiat Jagst 4330 DM. Den VW Käfer bekam man schon für 3790 DM (Preise Stand November 1957). Und Glas verlangte für den neuen Typ wie NSU-Fiat ebenfalls 4330 DM. Ein gewagtes Spiel.
Die Kalkulation im Hause Glas hatte ergeben, dass man mindestens 100 000 Fahrzeuge absetzen müsste, bevor man hätte Gewinn erzielen können.
Anscheinend hatten die Dingolfinger Glück. Im ersten Fertigungsjahr (1958) rollten fast 7000 Wagen vom Band, und schon ein Jahr später produzierte das Werk ca. 25 000 große Goggomobile (einschließlich der 700-cm^3-30-PS-Variante). Doch technische Probleme beschädigten nachhaltig den Ruf dieses eigentlich exzellenten Wagens. Durch die Panoramascheibe gab es Stabilitätsprobleme bei der Karosserie mit der Folge von Undichtigkeiten, und bei starken Verwindungen konnte die Windschutzscheibe sogar herausspringen. Das Motorgehäuse verzog sich bei großer Wärme, und das führte zu kapitalen Motorschäden.
In der Entwicklungsphase eines Automobils kommen solche Konstruktionsfehler durch den Fahrversuch ans Tageslicht und werden beseitigt, bevor der Wagen in die Serie geht. Aufgrund der von Hans Glas geforderten kurzen Zeit zwischen der Konzeption und dem Serienanlauf legte man nicht genug Wert auf intensive Testfahrten.
Die Beurteilungen in den Fachzeitschriften waren entsprechend: »... bedarf ... fertigungsmäßig noch sorgfältigerer Verarbeitung.« (Motor-Rundschau) oder »Es kommen sehr schlimme Kinderkrankheiten vor... « (Roller – Mobil – Kleinwagen).
Die Verkäufe gingen stark (1960 ca. 30 %) und stetig zurück. 1965 stellte Glas nach rund 86 000 Stück die Produktion ein, ohne mit diesem Typ je Gewinn eingefahren zu haben.

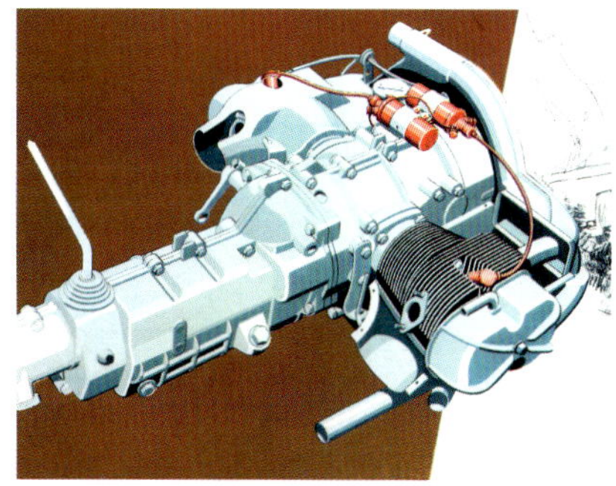

Der von dem ehemaligen BMW-Ingenieur Leonhard Ischinger konstruierte 2-Zylinder-Boxermotor.

Glas Isar in der De-luxe-Version.

Die Kombiversion hatte an der Fertigung des Isar einen Anteil von ca. 18 %.

FMR Tg 500 (1958 bis 1961)

Akt der Verzweiflung oder Freude an verrückten Fahrzeugen? Fritz Fend hatte seine Kabinenroller recht gut verkaufen können, doch knickte ab 1956 die Verkaufskurve ab. Die Zeit der Rollermobile war vorbei, der Käufer bevorzugte konventionelle Autos wie den NSU Prinz, den Fiat 500 oder den Lloyd Alexander. Doch Fend ließ sich davon nicht abhalten und konstruierte einen vierrädrigen Kabinenroller, versah ihn mit einem 2-Zylinder-2-Takt-Motor von Sachs (493 cm^3, 19,5 PS), präsentierte ihn auf der IAA 1957, gab ihm den Namen »Tiger« und erwartete, dass die Interessenten dafür 3725 DM auf den Tisch legten. Die Käufer ließen ihn im Stich. Zwischen 1958 und 1961 baute Fend nur rund 250 Exemplare (manche Quellen sprechen von ca. 320 Stück) dieser gnadenlosen Fahrmaschine, die dem hartgesottenen »Karo«-Fan einen Wahnsinnsspaß vermittelte. Die Höchstgeschwindigkeit des Tiger (Fend musste aus markenrechtlichen Gründen auf die Bezeichnung »Tiger« verzichten) lag bei 130 km/h – in einer Zeit, wo nicht viele Mittelklassewagen in diesen Bereich vorstoßen konnten. Von der Straßenlage und den machbaren Kurvengeschwindigkeiten schwärmen alle, die jemals den Tg 500 fahren konnten.

NSU Prinz I/II/III (1958 bis 1962)

Die Neckarsulmer kamen reichlich spät auf den Markt. Sie hatten ihren Kleinwagen, der wie bei anderen Zweiradfabriken auch die verringerten Umsätze im Motorradmarkt kompensieren sollte, zwar am 2. September 1957 den Fachjournalisten und Ende des Monats auf der IAA dem allge-

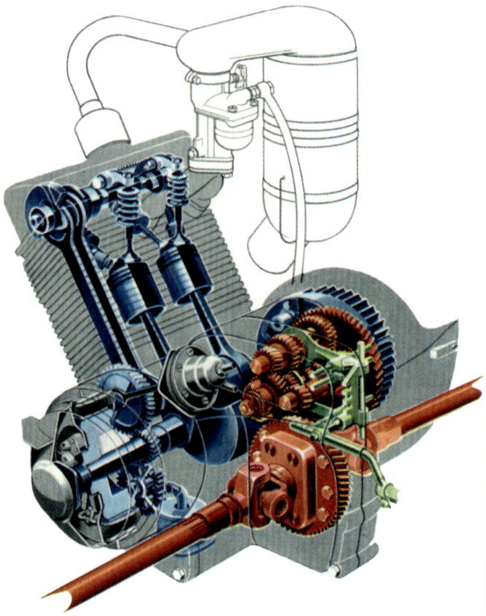

Der 600-cm³-Motor leistete in der gedrosselten Version 20 PS, offen 30 PS. Die oben liegende Nockenwelle trieben zwei Exzenterstangen an, wie man es ähnlich von Dampfloks kennt.

meinen Publikum vorgestellt, die Serienproduktion setzte aber erst im März 1958 ein, als die 600er-Konkurrenz schon längst zum Straßenbild gehörte. Der schwäbische Motorradhersteller hatte mithilfe der Dresdner Bank 40 Mio. DM in eine neue Fertigungsanlage gesteckt, um im gewohnt großen Stil den »Prinz« zu produzieren (NSU war in den 1950er-Jahren die größte Motorzweiradfabrik der Welt). Die Ingenieure spendierten dem Prinz einen quer im Heck eingebauten 4-Takt-2-Zylinder-Motor, wohl wissend, dass quer liegende Triebwerke bei Kleinwagen das Optimum darstellen. Die oben liegende Nockenwelle wurde durch die im NSU-Motorrad bewährte Ultramax-Steuerung angetrieben. Motor, Getriebe und Differenzial waren in einem Gehäuse mit gemeinsamem Ölhaushalt vereint. Das gedrosselte Kurzhuber-Aggregat leistete 20 PS (ab 1959 gab es auch eine 30-PS-Version) bei 583 cm³ Hubraum. Damit verzichtete man komplett auf die Führerschein-Klasse-4-Klientel, aber die Fahrer kamen in den Genuss der steuerlichen Absetzbarkeit von 50 Pfennig pro Kilometer (ab 500 cm³).

Die selbsttragende Karosserie bestand aus 0,88 mm dickem Tiefziehblech und wog mit Motor-, Kofferraumhaube und Türen ohne Scheiben 166 kg. Zusammen mit der Motor-Getriebe-Einheit (84 kg) und den restlichen Teilen, wie Achsen, Batterie, Inneneinrichtung, Bremsanlage etc., kam die

NSU zeigte auf der Internationalen Automobilausstellung 1957 ein sich um die Längsachse drehendes Schnittmodell.

Leermasse auf 470 kg, was einem Leistungsgewicht von 23,5 kg/PS bzw. von 15,5 kg/PS bei der 30-PS-Variante entspricht. Damit kam man recht flott voran, zumal NSU auch nicht am Fahrwerk gespart hatte. Vier einzeln aufgehängte Räder, kurze Federwege (was natürlich weniger Komfort bedeutete) und ein tiefer Schwerpunkt (die Passagiere saßen zwischen den Achsen) sorgten für eine sehr gute Straßenlage.
Der Prinz, der wegen des geringen hinteren Fußraums maximal zwei Erwachsenen und zwei Kindern Platz bot, kostete in der Basisversion Prinz I 3740 DM, in der Luxusvariante Prinz II 4080 DM und in der 30-PS-Ausführung 4230 DM. Die »Prinzen« kamen von vornherein ausgereift in den Verkauf. Sie hatten keine Kinderkrankheiten (zumindest wurden keine bekannt). Da die Faktoren Konzeption, Qualität, Tradition des Herstellers, Händlernetz, Großserienfertigung, effektives Marketing und Preiswürdigkeit stimmten, gelang neben Glas auch NSU die Wandlung vom Zweirad- zum erfolgreichen Autoproduzenten.
1958 gesellte sich zur Limousine ein vom italienischen Designer Bertone entworfenes, elegantes Coupé. Ab September 1960 ersetzte der äußerlich gleiche Prinz III die bisherigen Limousinen. Er hatte in der Grundversion 23 PS. Auch ihn gab es mit dem leistungsgesteigerten 30-PS-Motor. Insgesamt sind bis 1962 rund 95 000 Prinz I bis III entstanden. Sie wurden von dem erfolgreichen Modell Prinz 4 abgelöst.

Zwischen 1958 und 1967 gab es von NSU ein bildhübsches Coupé auf Basis des NSU Prinz, das etwa 21 000-mal gebaut wurde.

Gute Straßenlage und 30 PS prädestinierten den Prinz für den Motorsport.

AWZ Trabant P 50/P 60 (1958 bis 1964)

Anfang der 1950er-Jahre war in der DDR der private Pkw ideologisch umstritten. Einerseits stand der Bau von Lastkraftwagen und Traktoren im Vordergrund, andererseits musste man den fluchtwilligen DDR-Bürgern die Aussicht auf einen höheren Lebensstandard und somit auch auf einen privaten Pkw ermöglichen. Das damalige Pkw-Produktionsprogramm der DDR-Autoindustrie (SAG Awtowelo BMW-Werk Eisenach, VEB IFA-Kraftfahrzeugwerk Horch, VEB IFA-Kraftfahrzeugwerk AUDI) eignete sich nicht, da es aus nur wenig weiterentwickelten Vorkriegstypen bestand, deren Herstellung materialaufwendig und arbeitsintensiv war. Der Lieferstopp der westdeutschen Industrie bezog sich auch auf Tiefziehbleche für den Karosseriebau. Die wenigen vorhandenen Tiefziehbleche verwendete man im Nutzfahrzeugbau und im BMW-/EMW-Werk Eisenach für die Herstellung der Personenwagen EMW 340 und IFA F9. Eine Neukonstruktion musste diesen Mangel berücksichtigen. Ab 1954 entwickelten die Zwickauer Konstrukteure einen Pkw (P 50) mit Duroplast-Karosserie, der den veralteten DKW/IFA F8 1956 ablösen sollte. Doch bis zu diesem Zeitpunkt musste der aufwendige F8 weiter produziert werden. Die Lösung schien ein Zwischentyp zu sein, der Chassis, Holzskelett und Motor vom F8 verwendete, aber die Plaste-Karosserie vom geplanten P 50

Trabant-Titel vom »Deutschen Straßenverkehr«, August 1958.

Der Trabant P 50/P 60 wurde bis 1964 gefertigt. Rund 240 000 Trabis dieser Typenreihe stellte man in Zwickau und Meerane her.

Erster Trabant-Prospekt von 1958.

bekommen sollte. Das P 70 genannte Fahrzeug sorgte bei seiner Vorstellung auf der Leipziger Frühjahrsmesse 1955 für einiges Aufsehen, weil es der erste Serienwagen mit Kunststoffkarosserie war.
Die Entwicklungsarbeiten am P 50 gingen weiter voran. Doch verschiedene Probleme verzögerten den Serienanlauf erheblich. 1956 erschien das erste Foto des neuen Wagens in der Zeitschrift »Der Deutsche Straßenverkehr«. Ein Fahrzeug, das trotz geringer Außenmaße vier Erwachsenen Platz bot. Der luftgekühlte 2-Zylinder-2-Takt-Motor mit Drehschieber-Einlass-Steuerung leistete 17 PS (13 kW) und beschleunigte den P 50 auf 92 km/h. Der neue Typ hatte ein mittragendes Stahlblechgerippe, welches mit Duroplast-Karosserieteilen beplankt wurde.
Ende 1957 konnte endlich eine Nullreihe von 50 Fahrzeugen produziert werden. Die Serienfertigung des P 50 »Trabant« begann im Juli 1958. Um die Massenfabrikation zu ermöglichen, fusionierten die Zwickauer Werke Horch und Audi zum »Volkseigenen Betrieb Sachsenring, Automobilwerke Zwickau«. Die Herstellung des P 70 lief aus, und die Lkw-Fertigung verlagerte man zum VEB »Ernst Grube« in Werdau. Die Trabant-Motoren steuerte der VEB Barkas-Werke Karl-Marx-Stadt (Chemnitz) bei.
Ab 1959 lieferte man den Trabi mit einem stärkeren Motor aus (P 50/1). Die Leistung war um 3 PS auf 20 PS (15 kW) gesteigert worden. Das Mischungsverhältnis Öl/Kraftstoff betrug nun 1 zu 33 statt 1 zu 25. Doch Pleuel-

Der 2-Zylinder-2-Takt-Motor mit Drehschieber.

lagerschäden am neuen Motor bereiteten den Wagenbesitzern und dem Werk erhebliche Probleme. Ab März 1962 gab es daher den mit verbesserten Pleueln versehenen, sehr zuverlässigen 500-cm³-Motor (P 50/2), der im Oktober 1962 vom 600-cm³-Aggregat abgelöst wurde. Das Fahrzeug hieß nun P 60 und unterschied sich durch den Schriftzug »600« am Heck vom bisherigen P 50. Der Motor gab 23 PS (17 kW) ab. Das reichte für eine Höchstgeschwindigkeit von etwas über 100 km/h.

In den ersten Produktionsjahren war der Trabant ein Fahrzeug, das sich auf dem Niveau westlicher Kleinwagen (BMW 600, Citroën 2 CV, Lloyd Alexander, NSU Prinz) befand. Seine Vorteile (Frontantrieb, gute Straßenlage, hohe Nutzlast) machten ihn konkurrenzfähig, und er hätte sich auf westeuropäischen Märkten durchsetzen können. Doch die anfänglich produ-

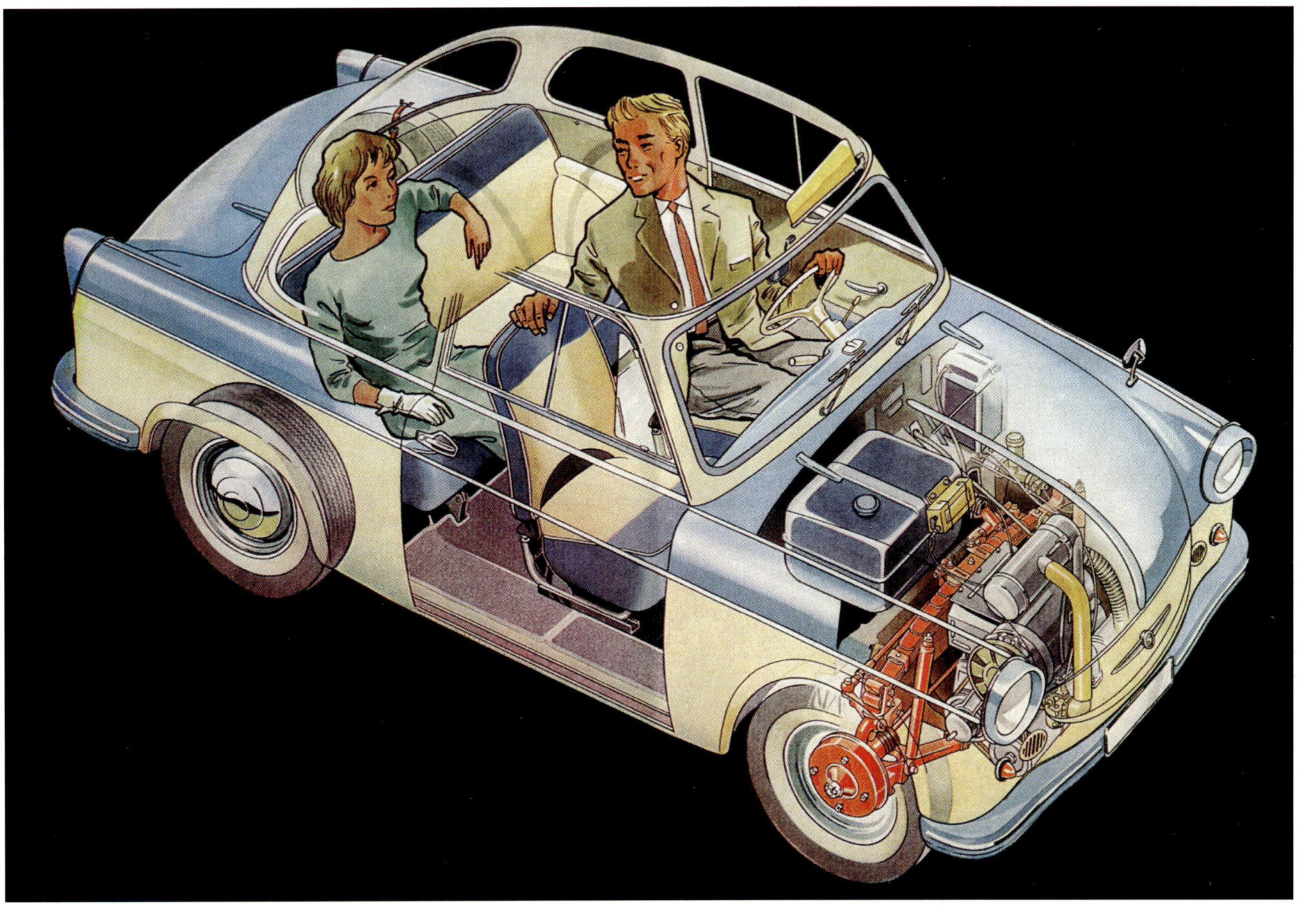

Gerade in der Kombi-Version ein beliebter Wagen: der Trabant P 50/P 60.

zierten Stückzahlen waren zu gering, um Inlandsbedarf und Export befriedigen zu können (1959 = 20 050 Einheiten, 1960 = 35 270 St., 1961 = 39 335 St.). Ab 1960 erweiterte eine Kombiausführung die Fahrzeugpalette der Zwickauer. Bis zum Mauerbau 1961 betrug die Lieferzeit für einen Trabant maximal $1\,{}^{1}/_{2}$ Jahre. Der Trabi entwickelte sich zum Volkswagen der DDR. Doch die weiterhin bestehende Unterversorgung der Bürger führte zu extrem langen Lieferzeiten und zu horrenden Gebrauchtwagenpreisen. Am 1. November 1973 wurde die Produktionsmenge von einer Million Trabis mit dem Nachfolgemodell P 601 überschritten. Am 21. Mai 1990 feierte man im Sachsenringwerk Mosel mit dem neuen 4-Takt-Trabi den Produktionsrekord von 3 000 000 Einheiten und den zusätzlichen Beginn der VW-Polo-Fabrikation. Bissig kommentierte der »Deutsche Straßenverkehr«: »Solche Schaustellerei nach zackiger Planerfüllungs-Manier mag den Verantwortlichen schmeicheln, dem Autofahrer in der DDR täuscht die Premieren-Fete Erfolge vor, die erst noch errungen werden wollen. Von dieser Art Gesundbeterei haben die Bürger zu Recht die Nase voll.«

Morris Mini Minor/Austin Seven alias Mini (1959 bis 2000)

Die Suez-Krise 1956 führte dazu, dass in England der Treibstoff rationiert wurde. Der Ruf nach einem Kleinwagen »home made« wurde laut. Der Präsident der British Motor Corporation Sir Leonard Lord beauftragte seinen Chefingenieur Alec A. Issigonis damit, einen entsprechenden Wagen zu entwickeln.

Schaut man sich die verschiedenen 4-sitzigen Kleinwagenkonzepte an, so bemerkte man schnell, dass die Dornier/Zündapp-Aufteilung (Mittelmotor, vordere und hintere Passagiere Rücken an Rücken) technisch ge-

1959 kam der Mini unter zwei unterschiedlichen Herstellerbezeichnungen auf den Markt: Morris und Austin.

Die Durchsicht zeigt die großzügigen Platzverhältnisse für die Insassen.

Auch die Lloyd Motoren Werke kauften zur Konkurrenzanalyse einen Mini. Er wurde wie üblich zerlegt, vermessen und beurteilt.

sehen das Optimum darstellt. Doch verkaufbar waren diese Vehikel nicht. Zwei Möglichkeiten gibt es aber, die Käufergeschmack und gute Raumaufteilung vereinen: quer vorn oder hinten eingebauter Motor mit Front- oder Heckantrieb kombiniert. Die Vertreter dieser Bauweise (Front: Lloyd, Trabi – Heck: Glas Goggo, NSU Prinz) verwendeten aber 2-Zylinder-Triebwerke. Issigonis baute nun einen 4-Zylinder-Motor quer ein und ordnete das aus einem gemeinsamen Ölhaushalt geschmierte Getriebe unter dem Motor an, wobei das Getriebegehäuse als Ölwanne fungierte. Damit schuf er das Raumwunder Mini, welches bei kleiner Grundfläche Platz für vier Erwachsene bot.

Der Motor gab 34,5 PS bei 5500 U/min ab (848 cm^3 Hubraum, der Käfer hatte zu der Zeit noch 30 PS Leistung). Bei einer Leermasse von 570 kg

ergab das ein Leistungsgewicht von 16,5 kg/PS. Damit ließ sich der Mini ähnlich flott wie der NSU Prinz 30 bewegen.
Die Karosserieform (vorne konventionelles Auto, hinten Kombi) war ausgewogen, zeitlos und passte hervorragend zur geringen Länge von nur 3,05 m. Star-Stylist Sergio Pininfarina bezeichnete noch 2007 den Mini als schönstes Auto der Welt.
Issigonis hatte vom BMC-Auftrag bis zum fertigen Wagen nur zwei Jahre benötigt. Allerdings beliefen sich die Kosten für die Entwicklung und die Fertigungseinrichtung auf rund 112 Mio. DM. Das Risiko war groß. Und anfänglich ging der Mini schlecht. Erst als Prominente wie die Beatles, Grace Kelly, Schauspieler Peter Sellers, Sänger Cliff Richard und die Minirock-Erfinderin Mary Quant ihn entdeckten, schossen die Verkaufszahlen in die

Ein vorzügliches Leistungsgewicht bei hervorragender Straßenlage prädestinierten den Mini für Rallyes.

Höhe. Bis zur Produktionseinstellung im September 2000 sind knapp 5,4 Mio. Minis entstanden, einschließlich der seltenen Kombis »Clubman«. Ab 1961 konnte man den Mini auch in der Bundesrepublik bekommen. Aber sein Preis von 5295 DM für die Standardversion und 5780 DM für die Deluxe-Variante stand der flächendeckenden Einführung völlig entgegen (den Käfer gab es ab 3790 DM, der NSU-Fiat Jagst 770 kostete 3170 DM). Erst Preissenkungen (1967 4850 DM, 1969 4495 DM) kurbelten den Verkauf an. Doch der Mini blieb gerade in den 1960er-, 1970er- und 1980er-Jahren in der BRD exklusiv. So betrugen die jährlichen Zulassungszahlen nur wenige Tausend Exemplare.

Auch bei der Rallye Monte Carlo waren die Minis Stammgäste.

Der Mini macht auch heute noch eine gute Figur.

BMW 700 (1959 bis 1965)

Hohe Verluste, Liquiditätsschwierigkeiten, Desorganisation und innere Reibung lähmten das BMW-Management, nachdem sich die Planungen für eine sportliche Mittelklasse-Limousine zerschlagen hatten. Erst die Idee des österreichischen BMW-Generalimporteurs Wolfgang Denzel im Jahre 1958 weckte die Münchner auf und gilt neben der legendären Aktionärsversammlung von 1959 als Startpunkt für den folgenden Aufstieg der bayerischen Automobilmarke. Denzels Plan war einfach: den Bau des 600ers einstellen, stattdessen Konzentration auf die Fertigung eines konventionellen Kleinwagens und damit so viel Geld verdienen, dass die Konstruktion einer Mittelklasse-Limousine finanziert werden kann. Er konzipierte einen Kleinwagen, der Baugruppen des 600ers und einen

Auf der Internationalen Automobilausstellung 1959 in Frankfurt wurde der BMW erstmals der Öffentlichkeit vorgestellt.

2-Zylinder-4-Takt-Motor aus dem Motorradprogramm aufwies. Die Karosserie stammte von dem Turiner Designer Giovanni Michelotti, der schon ähnliche Prototypen für Fiat (Vignale Minnie) und Lloyd (Ghia Schweiz) geschaffen hatte, die aber nicht in Serie gingen. Ende März 1958 erteilte BMW-Chef Richter-Brohm Denzel den Auftrag zur Herstellung eines Musterwagens, und nur vier Monate später präsentierte der Wiener der BMW-Mannschaft den Prototypen. Die war begeistert, sah der Wagen doch wie ein richtiges Auto aus und hatte keinerlei Ähnlichkeit mit der glücklosen, »aufgeblasenen« 600er-Isetta. Michelotti verfeinerte seinen Entwurf und rückte damit von den etwas plump wirkenden Denzel-, Fiat- und Lloyd-Prototypen ab. Zusätzlich zeichnete Michelotti auch noch eine Limousine, die dann bei BMW durchkonstruiert wurde. Im Frühling 1959 zeigte die Motorpresse Bilder des nun sehr elegant wirkenden Coupés. Die offizielle Vorstellung erfolgte auf der Internationalen Automobilausstellung im September 1959 in Frankfurt. Dort präsentierte man neben

Auf der IAA 1959 war der BMW-Stand mit dem neuen 700er immer gut besucht.

dem Coupé auch die gelungene Limousine. Begeistert orderte das IAA-Publikum die neuen BMW-Modelle: 15 000 Bestellungen aus der Bundesrepublik und rund 10 000 aus den Vereinigten Staaten kamen in den wenigen Tagen der IAA herein.
Die Serienfabrikation des 2+2-sitzigen Coupés hatte ebenfalls im September begonnen, die der Limousine folgte im Januar 1960. Für die 30 PS starken 700er verlangte BMW 4760 DM (Limousine) und 5300 DM (Coupé). Ab August 1960 gab es ein Sport-Coupé mit 40-PS-Maschine (5850 DM) und ab September 1961 ein gleichmotorisiertes Cabriolet der Karosseriefirma Baur für 6950 DM, das insgesamt nur ca. 2500-mal gebaut wurde.
Um den Wagen attraktiver zu machen, wollte BMW einen 4-Zylinder-Motor einbauen. Dazu verlängerte die unterbesetzte Konstruktionsabteilung mit bei Borgward ausgeliehenen Ingenieuren die Karosserie um 320 mm (Radstand nun 2280 mm statt 2120 mm). Jetzt hatte man genug Platz im Heck für den vom Konkursverwalter der Lloyd Motoren Werke (Borgward-Gruppe) angebotenen 900-cm^3-Arabella-Motor (4-Zylinder, 34 bis 45 PS), doch es fehlte der Mut, und so blieb es beim alten 2-Zylinder-Motorrad-Boxer im neuen, unförmig langen Heck .
Der wirtschaftliche Erfolg des 700ers, immerhin wurden bis 1965 über 180 000 Wagen gebaut, ermöglichte den ersehnten Aufschwung der von einigen schon für tot erklärten Bayerischen Motoren Werke AG.

BMW 700 Cabrio von Baur.

BMW 700 Limousine.

DAF 600/750/Daffodil (1959 bis 1976)

Die Maschinenfabrik der Gebrüder van Doorne fertigte ab den 1930er-Jahren Anhänger für Lastkraftwagen unter der Abkürzung DAF (van Doorne's Aanhangwagenfabriek, später Automobielfabriek). Im Februar 1958 stellte das Eindhovener Werk dann auf dem Amsterdamer Automobilsalon einen Kleinwagen mit einem quer eingebauten 590-cm³-2-Zylinder-4-Takt-Boxermotor vor. Die Serienproduktion startete rund ein Jahr später. In der Bundesrepublik bekam man den DAF ab 1961 mit dem auf 750 cm³ aufgebohrten 26-PS-Motor. Die viersitzige Standard-Limousine kostete 4315 DM. Die Zulassungszahlen in Deutschland lagen bis Ende der 1960er-Jahre weit unter 10 000 Fahrzeugen per anno. Erst mit dem 4-Zylinder-Typ DAF 55 gelang in den 1970er-Jahren der Sprung auf fünfstellige Zulassungszahlen.

Mit dem nicht nach Deutschland exportierten DAF 600 gehörten die Niederlande dem Kreis Pkw-produzierender Staaten an.

Der DAF litt in der Bundesrepublik unter dem Ruf, ein Auto für unbegabte Fahrer zu sein, weil er durch seine Getriebeautomatik das Schalten überflüssig machte. Ein Schalthebel und auch ein Kupplungspedal waren nicht vorhanden. Nur ein kleiner Hebel bestimmte, ob man vor- oder rückwärts fuhr. Wer so einen Wagen bewegte, galt als völlig »unsportlich, alt und doof« (Die Tageszeitung »Die Welt«: »Mit diesem vollautomatischen Autochen kann eine alte Dame noch das Fahren lernen.«).
Trotz Negativ-Image setzten die van Doornes (und später Volvo) fast eine Mio. DAF-Fahrzeuge bis zum Bauende 1980 ab.
Lange Jahre herrschte in der Autoindustrie die Meinung vor, dass nur leistungsstarke Personenwagen mit einer Automatik ausgerüstet werden könnten, da die bisherigen automatischen Getriebe zu leistungszehrend waren. Die holländischen Techniker schufen mit der DAF-

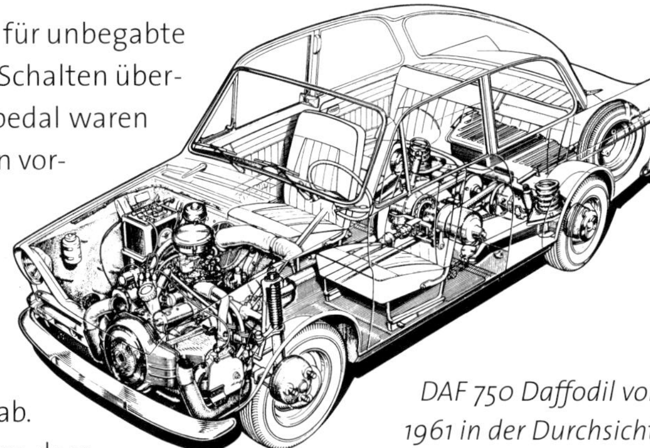

DAF 750 Daffodil von 1961 in der Durchsicht.

Ab 1967 gab es den DAF 44 (850 cm³, 34 PS) mit der von Michelotti überarbeiteten Karosserie.

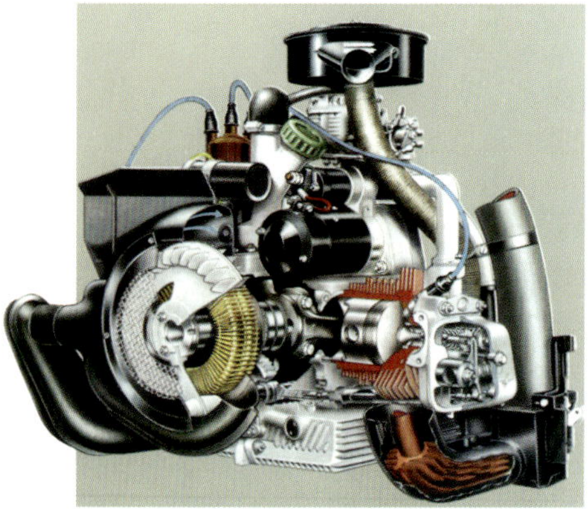

Der 2-Zylinder-4-Takt-Motor war eine Eigenentwicklung der Holländer.

Variomatic ein stufenloses Getriebe mit hohem Wirkungsgrad. Der Frontmotor trieb über eine Fliehkraftkupplung, die das Kupplungspedal überflüssig machte, und eine Gelenkwelle das Differenzial an. Dort gelangte die Kraft auf zwei Riemenscheiben und per Keilriemen auf zwei weitere, die jeweils mit einem Hinterrad verbunden waren. Durch Änderung des Abstandes der Riemenscheibenhälften änderte sich auch der Durchmesser der Laufbahnen des Keilriemens und damit das Übersetzungsverhältnis. Anfahren: Durchmesser der Laufbahnen auf den vorderen Riemenscheiben klein, auf den hinteren groß – Höchstgeschwindigkeit: Durchmesser hinten klein, vorn groß.

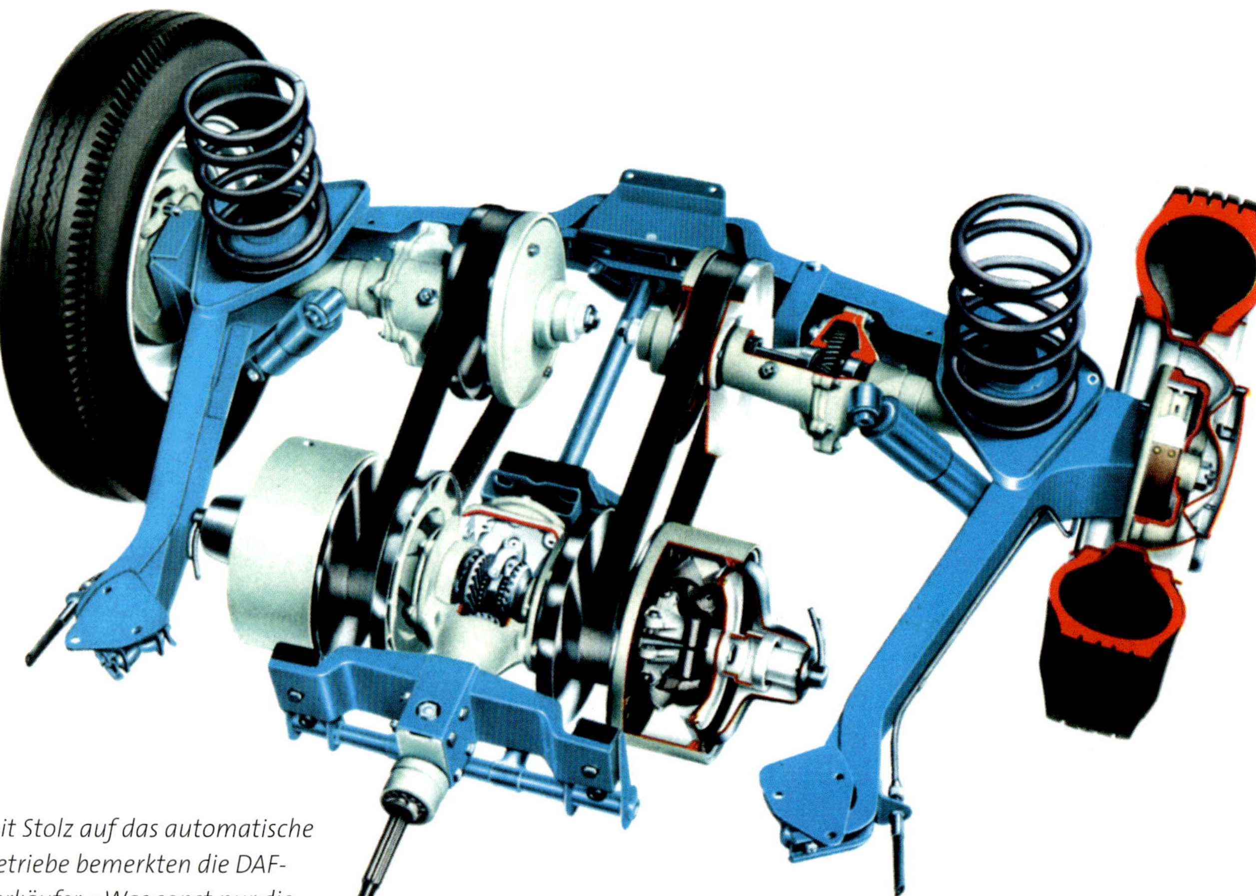

Mit Stolz auf das automatische Getriebe bemerkten die DAF-Verkäufer: »Was sonst nur die ganz Großen haben, bringt jetzt der kleine Daf.«

NSU-Fiat Weinsberg 500 (1959 bis 1963)

Im März 1959 stellte die deutsche Fiat-Tochter eine Limousine und ein Coupé auf Basis des Fiat 500 vor. Das Coupé bot etwas weniger Kopffreiheit auf der hinteren Sitzbank, weshalb man auch von Not- und nicht wie bei der Limousine von Kindersitzen sprach. Den Aufbau lieferte das 1912 gegründete und seit 1938 zu Fiat gehörende Karosseriewerk Weinsberg, das in der Nähe des NSU-Fiat-Standorts Heilbronn lag. Das Werk hatte auch schon die Karosserien des Gutbrod Superior gefertigt.
Der 500er-Fiat-Motor mit seinen 15 PS beschleunigte den 3085 mm langen und 525 kg schweren Kleinwagen, egal ob Limousine oder Coupé, auf eine Geschwindigkeit von 100 km/h. 6190 Wagen (einschließlich des Coupés) fertigten die Weinsberger in der fünfjährigen Bauzeit. Der Verkaufspreis betrug 1959 3840 DM und 1962 3620 DM.

Das Weinsberg-Coupé mit hinterer Panoramascheibe.

Die von NSU-Fiat als Limousette bezeichnete zweitürige Limousine.

NSU Prinz 4 (1961 bis 1973)

Mutig geworden, weil der Prinz III sich ordentlich verkaufen ließ, startete NSU im Juni 1961 die Produktion des neuen Prinz. Man hatte das Fahrwerk beibehalten, aber den Radstand um 40 mm verlängert und einen vorderen Stabilisator eingebaut, und den ohc-Motor aus dem Prinz 30 wieder verwendet (allerdings mit etwas größerer Bohrung und leicht verringerter Verdichtung, um Normalsprit verwenden zu können). Die kompakte Karosserie war völlig neu, orientierte sich am 1959 vorgestellten Chevrolet Corvair und bot bei einer Länge von 3440 mm extrem viel Platz. Die hohe Nutzmasse von 435 kg ermöglichte auch die Ausnutzung dieses Raumangebots. Mit 565 kg Leermasse gehörte der Prinz 4 zu den Leichtgewichten (Leistungsgewicht 18,8 kg/PS, Höchstgeschwindigkeit 116 km/h). In einem Vergleichstest von »auto motor und sport« (Heft 10/1963) mit dem BMW 700 LS, DKW Junior de Luxe und NSU-Fiat Jagst 770 schnitt

der Prinz insgesamt am besten ab: »Günstiger Anschaffungspreis, niedriger Verbrauch, niedrige Gesamtkosten, gute Fahreigenschaften und Fahrleistungen...« Kleine Minuspunkte gab es nur beim Komfort (Hupe ertönte innen lauter als außen, vorderer Radkasten ragte sehr weit in den Fahrerfußraum).
Dem Publikum wurde der Wagen offiziell auf der IAA 1961 vorgestellt. Der Verkaufspreis betrug zur Einführung 4490 DM. Ab 1962 lag er bei 4650 DM und stieg erst in den letzten Produktionsjahren ab 1970 auf rund 5200 DM. Mit dem Prinz I–III hatte NSU den Schritt vom Motorradhersteller zum Kleinwagenbauer geschafft (was ja auch nur wenigen Zweiradfirmen gelang). Mit dem erfolgreichen Prinz 4 (rund 570 000 Wagen in 13 Jahren) erreichte man den Status eines »richtigen« Automobilproduzenten. Der Marktanteil der Neckarsulmer betrug Mitte der 1960er-Jahre 3,8 %. Damit lagen sie vor BMW, Auto Union, Glas und NSU-Fiat (ab 1966 neue Bezeichnung »Neckar«).

Renault 4 (1961 bis 1992)

Große Klappe und viel dahinter.

Bei der Konzeption des R4 stand nicht Eleganz, sondern Zweckmäßigkeit im Vordergrund.

Auf der Internationalen Automobilausstellung im September 1961 gab es eine weitere Neuerung: den Renault R4. Der »Spiegel« schrieb dazu, dass Renault »ein seltsames Monopol der französischen Privatfirma Citroën gebrochen (hat): den Bau von Primitiv-Autos«. Die Zeitschrift »auto motor und sport« urteilte, dass der R4 »gar kein richtiges Auto« sei. Das interessierte die Käufer aber nicht. Im ersten halben Jahr 1962 verkaufte Frankreichs staatliche Régie Renault schon mehr als 80 000 Wagen, und der Verbraucher musste sich auf sechsmonatige Lieferzeiten einstellen.
Renault hatte einen 4-türigen Kombi mit großer Heckklappe (man sprach nun vom 5-Türer) mit einem 4-Zylinder-4-Takt-Motor und Frontantrieb auf die Räder gestellt. Eleganz stand nicht im Pflichtenheft der Konstrukteure, Zweckmäßigkeit war oberstes Gebot. Der Gepäckraum fasste 480 Liter! Durch dauergeschmierte Gelenke und Lager musste der R4

nicht wie andere Fahrzeuge zum Abschmierdienst. Genauso wartungsfrei war sein »versiegeltes« Kühlwassersystem. Nachfüllen oder Kontrolle des Frostschutzes entfiel. Da der R4 nun wesentlich mehr als die Ente bot und nur 100 Francs (81 DM) teurer war, verlor Citroën viele potenzielle Käufer an Renault.

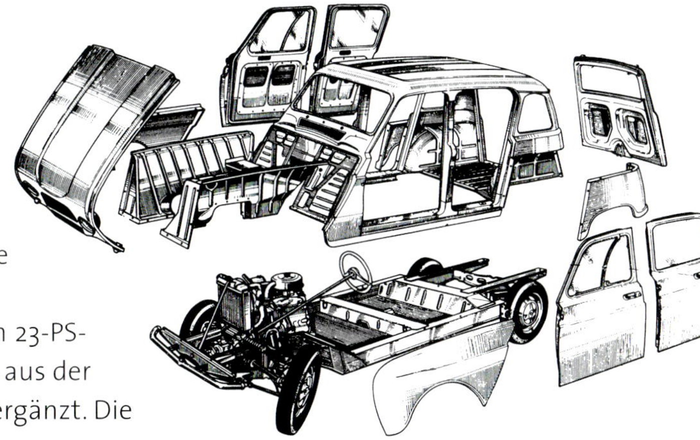

In Deutschland wurde der Wagen zuerst mit dem 23-PS-747-cm^3-Motor angeboten und ab 1962 durch das aus der Dauphine stammende 26-PS-850-cm^3-Aggregat ergänzt. Die

Durchsicht des R4 und Sparmodell R3 (600-cm³-Motor), das nur zwischen Oktober 1961 und September 1962 angeboten wurde (unten).

Der R4 war ein volltauglicher Familienwagen mit einem 480-Liter-Gepäckabteil.

Leermasse betrug je nach Ausführung zwischen 570 und 630 kg. Die »große« Version kostete zwischen 3890 DM (Standard) und 4990 DM (La Parisienne). Neben der außergewöhnlichen Karosserie beeindruckten beim Typ 4 (das »R« wurde in der Modellbezeichnung 1965 gestrichen, blieb aber im Volksmund erhalten) der Fahrkomfort, den es so bei anderen Kleinwagen nicht gab, die Fahrsicherheit und die Zuverlässigkeit.
Bis zum Importende 1989 wurden fast 860 000 Renault 4 in der Bundesrepublik zugelassen. Zeitweise war der R4 damit das meistgekaufte Importfahrzeug der Bundesrepublik. Insgesamt fertigten die Franzosen bis 1992 über 6 Millionen Stück dieses genialen Kleinwagens. Auch »auto motor und sport« hatte seine Meinung geändert und überschrieb 1966 einen Dauertest-Bericht mit dem Lob »Vernunft auf Rädern«.

HB-AC 916
D

Der Autor

Peter Kurze, geboren 1955 in Bremen, studierte Maschinenbau und Betriebswirtschaft. Als Autor und Verleger veröffentlichte er zahlreiche Werke zu Themen der deutschen Industriegeschichte. Sein umfangreiches Fotoarchiv umfasst vor allem Material zu den Fahrzeugen der Nachkriegsjahrzehnte, denn diesen »Bewegten Zeiten« gilt sein besonderes Interesse.

Fotonachweis

AKG Dodenhoff: 30
Bayerische Autowerke GmbH: 69M
Bayerische Motoren Werke AG: 520, 730, 73M
Botzenhardt, Paul*: 8, 190, 21u, 23, 31u, 320, 32u, 400, 41, 42, 430, 46l, 46r, 48u, 490, 49u, 50, 55r, 56, 580, 59, 60, 64u, 65, 66, 67M, 68, 69l, 70u, 71, 78, 790, 79u, 80u, 81u, 820, 840, 87, 88u, 97, 98, 990, 99u, 101u, 1040, 104u, 110
British Motor Corporation: 93, 940, 950, 95u
Citroën Deutschland AG: 440, 44u, 45
DAF (van Doorne): 100, 1010, 1020, 102u
Ernst Heinkel AG: 670, 67u
Fiat Automobil AG: 9, 12, 35, 55l, 570, 57u, 74, 760, 76u, 77, 1030, 103u
Gutbrod Motorenbau GmbH: 19u, 20, 210
Hanomag: 6
Hans Glas GmbH: 130, 58u, 610, 61l, 61r, 82u, 830, 83M, 83u
Hansa-Lloyd u. Goliath Werke Borgward & Tecklenborg: 7
Heitmann, Wilhelm: 37u
Holbein, Hermann: 16, 17M, 17u, 18u, 320, 330, 33u
Janssen-Weinberg, Eva: 690
Kleinschnittger, Paul: 22
Kurze, Peter: 110, 13u, 15, 310, 43u, 47, 510, 52u, 540, 640, 72, 73u, 810, 84u, 90u, 96u, 111
Lloyd Motoren Werke GmbH: 53u, 620, 62u
Lutz, Heinz*: 910, 920
Meyerhenke, Wilhelm: 54u
NSU Werke AG: 85, 860, 86u, 880, 1050, 105u
Regensburger Stahl- und Metallbau GmbH: 40u
Renault Nissan Deutschland AG: 10, 14, 1060, 106u, 1070, 107u, 1080, 108u, 109
Schammelt, Gerhard*: 480, 63u, 75, 94u, 960
Schrader, Halwart, Archiv: 34 (Bauer)
Triumph Werke Nürnberg AG: 180
VEB Automobilwerk AWZ Zwickau: 900
VEB Sachsenring Automobilwerke Zwickau: 890, 89u, 91u, 92u
Victoria-Werke AG: 700
Witte, Karl-Heinz*: 11u, 24l, 24r, 250, 25m, 25u, 26l, 26r, 27, 28l, 28r, 29, 360, 36u, 370, 380, 38u, 39, 51u, 530, 53M, 630
Zündapp-Werke GmbH: 800

*Die Nachlässe der Fotografen sind Eigentum von Peter Kurze, Bremen.

Danksagung

Ganz herzlich bedanke ich mich für die Unterstützung mit Fotografien bei Ludolf von Alvensleben, Bayerische Motoren Werke AG, Citroën Deutschland AG, Fiat AutomobilAG, Jan de Lange, Hans-Heinrich Ohm, Wilhelm Meyerhenke, Renault Nissan Deutschland AG und Halwart Schrader.

Bewegte Zeiten

ISBN 978-3-7688-1646-5

ISBN 978-3-7688-1924-4

ISBN 978-3-7688-1988-6

ISBN 978-3-7688-1551-2

ISBN 978-3-7688-1724-0

ISBN 978-3-7688-1725-7

ISBN 978-3-7688-1810-0

ISBN 978-3-7688-2470-5

ISBN 978-3-7688-1476-8

ISBN 978-3-7688-1477-5

ISBN 978-3-7688-2455-2

„Bewegte Zeiten" – diese Buchreihe widmet sich den Fahrzeugen, mit denen sich das Land in den Wirtschaftswunderjahren und danach unaufhaltsam motorisierte, und dem Charme dieser Epoche voller Aufbruchstimmung.

Erhältlich im Buch- und Fachhandel oder unter www.delius-klasing.de

DELIUS KLASING